飞行控制教学实验设计与应用

吕永玺　屈晓波　主编

U0195993

西北工业大学出版社

西安

【内容简介】 本书主要针对飞行控制技术的实践教学,借助自研飞行控制开放综合实验平台,引导学生通过探讨实验设备平台综合操作、实验报告分析等多样化方式,对其在实践能力、协作能力和创新意识等方面进行全方位立体式训练。本书从飞机六自由度非线性数学建模、自然特性分析、典型模态的经典 PID 控制、现代飞行控制方法(特征结构配置)等内容出发,系统、全面地介绍了典型飞行控制律设计方法、流程及其应用。

本书可作为高等院校导航、制导与控制等相关专业的硕士研究生和本科生学习用书,也可供相关专业人士阅读参考。

图书在版编目(CIP)数据

飞行控制教学实验设计与应用/吕永玺,屈晓波主编 . —西安:西北工业大学出版社,2020.11
ISBN 978 - 7 - 5612 - 7418 - 7

Ⅰ. ①飞… Ⅱ. ①吕… ②屈… Ⅲ. ①飞行控制系统-实验-教材 Ⅳ. ①V249 - 33

中国版本图书馆 CIP 数据核字(2020)第 226552 号

FEIXING KONGZHI JIAOXUE SHIYAN SHEJI YU YINGYONG
飞 行 控 制 教 学 实 验 设 计 与 应 用

责任编辑:李阿盟 王 尧		**策划编辑**:张 晖	
责任校对:曹 江		**装帧设计**:李 飞	

出版发行:西北工业大学出版社
通信地址:西安市友谊西路 127 号　　邮编:710072
电　　话:(029)88491757,88493844
网　　址:www.nwpup.com
印 刷 者:陕西向阳印务有限公司
开　　本:787 mm×1 092 mm　　1/16
印　　张:8
字　　数:210 千字
版　　次:2020 年 11 月第 1 版　　2020 年 11 月第 1 次印刷
定　　价:32.00 元

如有印装问题请与出版社联系调换

前　言

飞行控制系统是飞机的大脑,是保证飞行安全和飞行性能的核心,而飞行控制技术涉及数学、力学、计算机、电子信息和自动化等众多学科,是一项理论和实践紧密结合的复杂技术。因此,学习飞行控制技术相关的课程可谓是困难重重。为培养具有较强科研实践创新意识和创新能力的复合型高层次人才,自研飞行控制开放综合实验平台可以使学生巩固专业知识、以"自行设计、自由探索、自己动手、自主创新"为原则进行创新实践,注重综合素质的提高,以培养学生独立解决工程实际问题的能力和创新意识,使其在实践中探索、在探索中发现、在发现中创新。

本书配套"飞行控制系统综合实验"等实验课程,紧密联系教学内容,突出国防特色,内容设置兼顾先进性和典型性,以培养理论扎实、工程实践能力强的创新型研究人才为中心,可供导航、制导与控制等相关专业的硕士研究生和本科生学习和应用飞行控制技术。本书从飞机六自由度非线性数学建模、自然特性分析、典型模态的经典 PID(比例积分微分)控制、现代飞行控制方法(特征结构配置)等内容出发,系统、全面地介绍典型飞行控制律设计方法、流程及其应用。同时,基于操纵杆输入、嵌入式系统、可视化显示软件和小型固定翼飞行器等软、硬件,可以使学生切身感受飞行控制系统的设计过程并进行飞行模拟操纵训练,从而加深对飞行控制系统的理解,提升飞行控制相关课程的教学效果。

本书共 10 章:第 1 章系统全面地介绍教学实验系统的原理和实现;第 2 章从实时仿真系统、飞行仿真系统和飞控板卡等方面详细介绍教学实验系统的组成;第 3 章给出该实验系统的安装步骤;第 4 章从静稳定性分析、配平线性化和自然特性分析等方面介绍无人机控制律设计的基础内容;第 5 章介绍无人机纵向和横侧向的阻尼器设计方法,同时给出数字仿真与半物理仿真实验;第 6 章内容包含自驾仪纵向和横侧向的数字仿真,以及半物理仿真实验;第 7 章为水平和垂直飞行引导控制律设计的数字仿真和半物理仿真实验;第 8 章为无人机自主起降控制律设计的数字仿真和半物理仿真实验;第 9 章介绍基于特征结构配置的纵向和横侧向控制律设计数字仿真和半物理仿真实验;第 10 章为异常处理,给出教学实验系统一些具体问题及解决方法。

本书第 1 章、第 2 章和第 5 章~第 9 章由吕永玺编写,第 3 章、第 4 章和第 10 章由屈晓波编写。

实验系统的研发和本书的编写得到了西北工业大学自动化学院和 906 教研室的多位老帅与学生的支持和帮助,他们是章卫国、史静平、刘小雄、李广文、陈华坤、粟建波、蒋维、李永丰、冯晨曦、史子纬、王锦锦、李伟、李卫华、谯富祥、林传健等,同时编写本书时参阅了相关文献、资料,在此一并对文献作者深深表示感谢!

由于水平有限,书中不足之处在所难免,恳请广大读者批评指正。

编　者

2020 年 6 月

目　录

第1章　实验系统介绍 ·· 1

1.1　实验系统研制背景 ·· 1

1.2　实验系统研制目标 ·· 1

1.3　实验系统组成 ·· 1

1.4　系统实现 ·· 3

1.5　系统原理 ·· 5

第2章　实验系统组成 ·· 7

2.1　飞行仿真实时计算机 ·· 7

2.2　飞行仿真视景子系统 ·· 9

第3章　飞行控制教学实验系统安装 ·································· 31

3.1　安装所需设备及其介绍 ·· 31

3.2　安装步骤 ·· 32

第4章　无人机自然特性分析实验 ···································· 38

4.1　无人机静稳定性分析 ·· 38

4.2　无人机数学模型配平及线性化 ···································· 40

4.3　无人机自然特性分析 ·· 42

第5章　无人机阻尼器设计与验证实验 ································ 45

5.1　无人机纵向阻尼器设计与数字仿真验证 ···························· 45

5.2　无人机纵向阻尼器半物理仿真验证 ································ 49

5.3　无人机横侧向阻尼器设计与数字仿真验证 ························ 52

5.4　无人机横侧向阻尼器半物理仿真验证 ······························ 57

第6章　无人机姿态控制律设计与验证实验 ···························· 59

6.1　无人机自动驾驶仪纵向姿态控制律设计与数字仿真验证 ·············· 59

    6.2 无人机自动驾驶仪纵向姿态控制系统半物理仿真验证 ·············· 62

    6.3 无人机自动驾驶仪横侧向姿态控制律设计与数字仿真验证 ·········· 64

    6.4 无人机自动驾驶仪横侧向姿态控制系统半物理实时仿真验证 ·········· 68

第7章　无人机飞行引导控制律设计与验证实验 ·············· 72

    7.1 无人机速度、高度控制律设计与数字仿真验证 ·············· 72

    7.2 无人机速度、高度控制系统半物理仿真验证 ·············· 75

    7.3 无人机水平及垂直引导控制律设计与数字仿真验证 ·············· 79

    7.4 无人机水平及垂直引导控制系统半物理实时仿真验证 ·········· 84

第8章　无人机自主起降控制律设计与验证实验 ·············· 88

    8.1 无人机自主起飞控制律设计与数字仿真验证 ·············· 88

    8.2 无人机自主起飞控制系统半物理实时仿真验证 ·············· 92

    8.3 无人机自主着陆控制律设计与数字仿真验证 ·············· 94

    8.4 无人机自主着陆控制系统半物理实时仿真验证 ·············· 97

第9章　基于特征结构配置的无人机控制律设计与验证实验 ·········· 99

    9.1 基于特征结构配置的纵向控制律设计与数字仿真 ·············· 99

    9.2 基于特征结构配置的纵向控制系统半物理实时仿真 ·········· 109

    9.3 基于特征结构配置的横侧向控制律设计与数字仿真 ·········· 111

    9.4 基于特征结构配置的横侧向控制系统半物理实时仿真 ·········· 115

第10章　异常处理 ·············· 118

    10.1 产生异常的原因 ·············· 118

    10.2 异常表现 ·············· 118

    10.3 异常处理方法 ·············· 119

参考文献 ·············· 120

第1章　实验系统介绍

1.1　实验系统研制背景

进行制导与控制专业的本科教学实验改革及实验室建设,可以加强实践环节教学、提高学生的创新意识和实践能力,有效地解决学生培养实践环节相对滞后的问题,提高教学质量。通过实验课程建设,帮助学生巩固专业知识、以"自行设计、自由探索、自己动手、自主创新"为原则进行创新实践,突出强调创新意识和创新能力的培养,注重综合素质的提高,注重培养学生独立解决工程实际问题的能力,使其在实践中探索、在探索中发现、在发现中创新,从而培养出具有较强科研实践创新意识和创新能力的复合型高层次人才,以满足我国国防科技工业发展的需要。

1.2　实验系统研制目标

制导与控制专业的培养目标是培养现代飞行控制、制导系统设计人才,本科阶段所涉及的专业课和专业基础课主要包括自动控制原理、现代控制理论、计算机控制系统、应用技术、控制系统数字仿真和飞行控制等课程。

本专业实验课程建设的原则是:紧密联系教学内容,突出国防特色,内容设置兼顾先进性和典型性,围绕培养理论扎实、工程实践能力强的创新型研究人才这个中心开设综合实验课程。根据专业课程和教学内容及其特点,我们拟建立一个飞行控制开放综合实验平台。飞行控制开放综合实验主要是针对给定的飞行器,让学生根据在相关控制课程中所学方法设计飞行器的控制律,并借助于嵌入式飞行控制系统开发平台和小型固定翼飞行器对所设计的控制律进行飞行模拟验证。

1.3　实验系统组成

通常情况下,一个典型飞行控制系统的结构可由图1-1表示,主要包括驾驶机构、控制器、执行机构以及控制对象——飞机4个组成部分。该实验系统能够有效地模拟飞机自动飞行控制实验与人工飞行控制实验,并尽可能贴近真实物理设备。

1. 驾驶机构

驾驶机构主要包括驾驶杆、脚蹬和油门杆。驾驶杆用于操纵飞机的俯仰控制通道和滚转控制通道;脚蹬用丁操纵飞机的航向控制通道;油门杆用于控制飞机的油门开度。

图 1-1　飞行控制系统结构图

2. 控制器

控制器用于模拟真实飞机的飞控计算机或自动驾驶仪,在实验系统中是开展实验进行飞机纵向、横侧向控制律设计的依托设备。该实验系统选用 DreamBuilder-01 飞控板进行飞行控制实验程序的下载、运行,提前编写好飞行控制系统基本程序框架、板卡的输入/输出接口程序、系统中断服务程序、飞机舵机驱动程序、典型纵/侧向控制律人工飞行控制律程序及典型自动飞行控制系统程序等。通过编写基本驱动程序,让学生更为方便地开展实验工作。

3. 飞机对象

某实验系统选用如图 1-2 所示的小型 F-16 缩比飞机作为研究对象,该 F-16 缩比飞机具有升降舵、副翼、方向舵和油门舵机等 6 个控制舵机。

图 1-2　F-16 缩比飞机模型

在飞机气动模型方面,采用美国宇航局艾姆斯和兰利研究中心针对 F-16 缩比飞机进行低速静态和动态风洞实验得到的气动数据,飞行包线如下:

$$-20°\leqslant\alpha\leqslant90°$$

$$-30°\leqslant\beta\leqslant30°$$

$$0.1\leqslant Ma\leqslant0.6$$

利用上述气动数据可以搭建 F-16 的六自由度全量非线性仿真模型,在后续实验中针对 F-16 战斗机开展飞行控制系统设计工作。

4. 执行机构

执行机构接收控制器的解算输出,并驱动飞机的操纵面进行偏转,从而改变飞机的姿态与位置信息。该实验系统所选用的 F-16 缩比飞机采用电动舵机以脉冲宽度调制(Pulse Width Modulation,PWM)波的方式驱动飞机的升降舵、副翼、方向舵、油门舵机进行偏转。

1.4　系 统 实 现

某实验系统采用如图 1－3 所示的原理来实现飞行控制实验系统。在该系统中,主要包括驾驶机构、飞行仿真视景子系统(综合控制与显示计算机)、MATLAB 非线性六自由度飞机模型(综合控制与显示计算机中)、飞行仿真实时计算机、DreamBuilder－01 飞控板和 F－16 缩比模型 5 个子系统。飞行控制实验系统的实物图如图 1－4 所示,飞行控制教学实验系统的方案如图 1－5 所示。

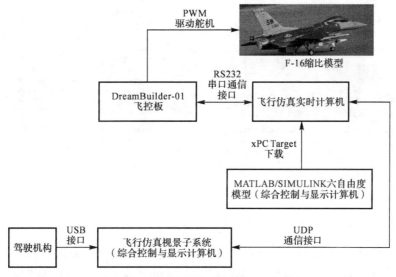

图 1－3　飞行控制实验系统实现原理图

图 1－4　飞行控制实验系统实物图

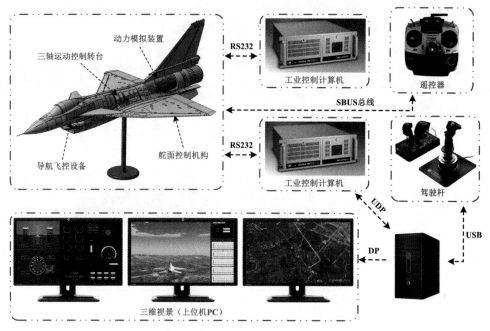

图 1-5 飞行控制教学实验系统方案图

各子系统之间的通信接口描述如下。

1. 接口 1:驾驶机构和飞行仿真视景子系统接口

如图 1-6 所示,目前驾驶机构采用 USB 接口实现和飞行仿真视景子系统的通信,在该实验系统的驾驶机构中有驾驶杆、脚蹬和油门杆 3 个操纵机构,均采用 USB 通信接口。该系统先通过综合控制与显示计算机与上述 3 种操纵机构互连,通过编写飞行仿真视景子系统软件读取驾驶杆的操纵数据。

图 1-6 驾驶机构和飞行仿真视景子系统接口

2. 接口 2:飞行仿真实时计算机和飞行仿真视景子系统接口

如图 1-7 所示,飞行仿真视景子系统以 UDP 通信的方式接收由飞行仿真实时计算机发送来的飞机状态数据,在该数据的作用下驱动视景子系统的 3D 飞机模型运动。同时飞行仿真视景子系统将从驾驶机构接收到的操纵数据通过 UDP 通信发送给飞行仿真实时计算机。

3. 接口 3:DreamBuilder-01 飞控板与飞行仿真实时计算机接口

如图 1-8 所示,DreamBuilder-01 飞控板将控制律的解算输出作为舵机的数字输入信号,以 RS232 的通信方式输入至飞行仿真实时计算机。飞行仿真实时计算机中运行着基于 xPC 实时操作系统的飞机六自由度非线性数学模型(通过 xPC Target 下载将 MATLAB 中的 F-16非线性六自由度模型下载至飞行仿真实时计算机中),当获取舵面偏转指令后,飞行仿真实时计算机内飞机的运动姿态将发生相应的变化,并再通过 RS232 串口通信将姿态信息和从飞行仿真视景子系统接收来的操纵数据发送至 DreamBuilder - 01 飞控板。

图 1 - 7　飞行仿真实时计算机和飞行仿真视景子系统接口

图 1 - 8　DreamBuilder - 01 飞控板与飞行仿真实时计算机接口

4. 接口 4:DreamBuilder - 01 飞控板与 F - 16 缩比模型(舵机)接口

如图 1 - 9 所示,DreamBuilder - 01 飞控板将控制律的解算输出作为舵机的数字输入信号,通过 PWM 波驱动直接输送至真实的 F - 16 缩比模型的电动舵机,电动舵机在该指令的作用下驱动飞机的舵面发生偏转。

图 1 - 9　DreamBuilder - 01 飞控板与 F - 16 缩比模型(舵机)接口

5. 接口 5:综合控制与显示计算机和飞行仿真实时计算机接口

如图 1 - 10 所示,综合控制与显示计算机中的 MATLAB/SIMULINK 六自由度非线性飞机模型通过以太网实现向飞行仿真实时计算机 xPC Target 的下载,在完成下载后,飞行仿真实时计算机内获得 F - 16 飞机的非线性仿真模型,即可进行实时的半物理仿真。

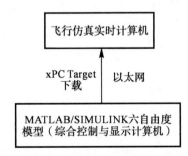

图 1 - 10　综合控制与显示计算机和飞行仿真实时计算机接口

1.5　系　统　原　理

在本实验系统中,综合控制与显示计算机中运行着 MATLAB/SIMULINK 六自由度飞机模型和飞行仿真视景子系统;飞行仿真实时计算机中通过 xPC Target 下载,获得 F - 16 飞机非线性仿真模型;DreamBuilder - 01 飞控板中运行着飞机飞行控制程序。系统工作原理如下：

（1）首先以 F‑16 飞机六自由度非线性数学模型为对象，在 MATLAB 软件中，完成基本的飞机稳定性分析以及飞机配平、线性化工作，获取飞机在指定状态点的纵、侧向线性运动方程，并对飞机的纵向长、短周期模态、滚转模态、螺旋模态、荷兰滚模态进行特性分析。

（2）在 MATLAB 软件中，根据飞机的线性小扰动方程进行控制律设计，包括人工操纵控制律、自动驾驶仪控制律、速度保持和航迹控制等控制律。

（3）将设计好的各种控制律代入六自由度非线性运动模型中，进行 MATLAB 数字仿真，验证所设计的控制律是否能够满足国家军用标准规范要求，并进行品质评价。

（4）针对所设计好的各种控制律，在 KEIL 软件中编写面向 DreamBuilder‑01 飞控板的程序代码，并通过仿真器下载到 DreamBuilder‑01 飞控板中。

（5）完成 1.4 节所述的 5 个接口连线，即可启动整个半物理仿真系统。

（6）在系统启动伊始，首先将在 MATLAB/SIMULINK 环境中搭建、编译好的六自由度非线性飞机模型以 xPC Target 的模式通过 RS232 串口下载至飞行仿真实时计算机，此后飞机模型将在飞行仿真实时计算机的 xPC 实时操作系统中运行解算。

（7）DreamBuilder‑01 飞控板根据从飞行仿真实时计算机接收来的驾驶操纵指令、飞机状态信息进行控制律解算，并将控制律解算输出作为舵机控制指令发送给飞行仿真实时计算机和 F‑16 缩比模型，其缩比模型的舵机将在该指令信号的作用下发生偏转；飞行仿真实时计算机将飞机状态信息反馈给飞行仿真视景子系统，驱动飞行仿真视景子系统的 3D 飞机模型运动。

第2章　实验系统组成

2.1　飞行仿真实时计算机

在任何的飞机控制律设计中，都首先需要进行 MATLAB 数字仿真，然后需要进行半物理仿真实验。半物理仿真相比于 MATLAB 数字仿真更加接近实际情况，更具有实时性，更能说明在实际运行过程中的问题。

在该实验系统中，将飞行仿真实时计算机作为半物理实时仿真平台。综合控制与显示计算机中的 MATLAB/SIMULINK 六自由度非线性飞机模型通过以太网实现向飞行仿真实时计算机 xPC Target 的下载。在完成下载后，飞行仿真实时计算机内即可进行实时的半物理仿真。在视景仿真软件下方的 MATLAB Command 文本框内键入 F－16，按回车即可完成 MATLAB/SIMULINK 非线性六自由度模型向飞行仿真实时计算机的 xPC Target 下载。

2.1.1　xPC Target

xPC Target 是 MATLAB 提供的一个基于实时工作间（Read Time Workshop，RTW）体系框架的附加产品，是一种用于产品原型开发、测试和配置实时系统的 PC 解决途径。xPC Target 实时仿真系统能够使开发者在产品开发前进行产品原型的快速实现、测试和评估，是 SIMULINK 工具集下将产品原型开发、设计、测试集于一体的工具箱，支持包括 ISA 和 PCI 两种类型接口总线的许多类型 I/O 设备板卡，如 A/D、D/A、DIO 数据采集板卡和 CAN 卡等。

xPC Target 使用宿主机-目标机"双机"模式的技术途径，可以使用普通的计算机作为宿主机，目标机可以是工业控制计算机或者普通计算机。宿主机用于运行 MATLAB 软件和 SIMULINK 仿真模型，并生成可执行应用程序。目标机 PC 则用于执行宿主机上所生成的可执行应用程序。

目标机上不需要安装 DOS、Windows、Linux 或者其他任何一种操作系统，它可以通过网络、硬盘或者 U 盘启动目标机。启动后，会调用 xPC 目标启动盘中一个采用了 32 位保护模式的实时内核。该内核支持查询模式和中断处理，只有当运行目标机时，xPC 目标才引导启动高性能、高度减缩型的实时内核。

宿主机与目标机间的通信连接有两种方式：采用 RS232 协议的串口通信和采用 TCP/IP 协议的网络通信，实现"双机"间的通信连接、数据传递和修改、人机交互和宿主机的实时监控。与其他的实时仿真系统相比，基于 xPC Target 的实时仿真系统具有如下优势：

（1）丰富的 I/O 资源。包括 A/D、D/A、串口等丰富的驱动模块，开发者可根据需要将这些物理设备进行不同的搭配,实现灵活应用。

(2)对于非标准驱动模块,MATLAB 提供给开发者自己编写 C-S 函数实现开发驱块设计的功能,开发者根据需求可灵活自由地编写自己的驱动模块。

(3)宿主机和目标机可以是普通的计算机或者工业控制计算机,保证在低成本的硬件基础上搭建起基于 xPC Target 的实时仿真系统平台。

2.1.2　xPC 的运行机制

xPC 技术之所以称得上是一个完善的实时应用技术,就在于它有着规范的运行模式,并有确定的软硬件工作平台。在典型情况下,它工作于一种叫作宿主机-目标机的"双机"模式,宿主机就是运行 MATLAB 实时开发环境的计算机,而目标机则是运行实时操作系统内核和应用程序的计算机。宿主机和目标机可以是不同类型的计算机。其中,宿主机用于运行 SIM-ULINK,目标机则用于执行所生成的代码。宿主机与目标机通过以太网卡或 RS232 串行接口建立通信连接,其工作过程如下:

(1)用户在运行于宿主机上的实时开发环境下通过 SIMULINK 进行建模及控制器的设计,然后在非实时环境下运行仿真程序,查看系统性能。xPC Target 允许在所建模型中加入 I/O 硬件驱动模块。

(2)应用宿主机中 MATLAB 的 RTW 生成标准的 C 代码,并调用第三方 C/C++编译器创建可执行代码,然后通过选定的通信连接下载到目标机的实时内核中,运行和测试实时目标程序。

(3)在得到满意的系统性能后,可执行代码可以直接移植到作为系统控制核心的目标机,并脱离主机,从而完成控制系统的快速成型。

这一过程可如图 2-1 所示。

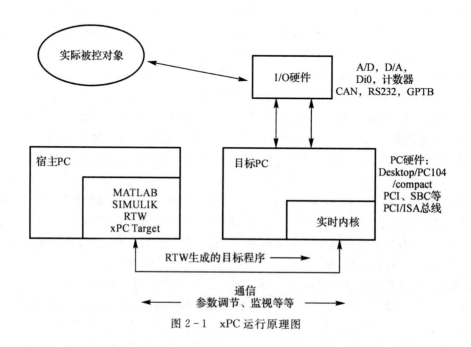

图 2-1　xPC 运行原理图

在半物理仿真过程中,xPC 作为下位目标机充当实际非线性飞机模型对象(不带控制律),借助其在目标实时仿真系统方面的强大能力,完成对上位图像显示机的飞机姿态、位置数据反馈和 DreamBuilder - 01 飞控板的驱动。

xPC Target 在飞行仿真实时计算机上实现,应用以太网线同上位宿主机进行通信,上位机在 Simulink 环境下搭建相应的飞机模型生成 C 实时代码后,下载到 xPC 下位机,开始实时仿真后,xPC 亦通过以太网线接收来自上位机的杆力信号完成对飞机的操纵。为接收来自 DreamBuilder - 01 飞控板的控制信号,飞行仿真实时计算机上另外需通过两条 RS232 串口线完成状态量和控制量的收发。

2.2　飞行仿真视景子系统

2.2.1　系统架构与通信结构

飞行仿真视景子系统架构如图 2 - 2 所示。当系统运行时,飞行仿真视景子系统通过 UDP 通信将控制指令发送给飞行仿真实时计算机,并接收飞行仿真实时计算机上传的飞机姿态数据用以显示飞机运动状态,飞行仿真实时计算机将控制指令和当前姿态数据通过 RS232 串口通信传给 DreamBuilder - 01 飞控板,飞控板经过控制律解算后,将输出通过 RS232 串口通信再回传给飞行仿真实时计算机。

图 2 - 2　飞行仿真视景子系统架构

2.2.2　场景模型开发方案

在传统的视景仿真中,地形场景构建方法有基于图像的方法、光线跟踪方法和多边形方法。其中,多边形方法由于得到了 DirectX 和 OpenGL 的完全支持而成为地形构建的最成熟和最主流的方法。多边形方法大多采用随机生成的方式来构建,有的多边形方法虽然具有一定的真实感,但却不能与真实世界一一对应,无法真实反映地形场景的变化情况。为满足飞行虚拟仿真系统的要求,场景覆盖范围一般在 100 km×100 km 以上。如果要飞航线,则地域范围可能更广阔。与此同时,为了增强训练效果的真实感,还要对飞行空域或航线上的重要城镇、河流、公路、山脉使用高分辨率的地形纹理,对显著地标性建筑,如高大的楼房、机场、桥梁、烟囱等进行独立建模。这些要求在增强场景真实感的同时,极大地增加了地景数据量,直接导致仿真系统刷新率的大幅降低。

本教学实验系统将采用 Terra Vista 进行环境建模,这种建模软件与本教学实验系统视景仿真软件开发所要采用的 Vega Prime 相匹配,Vega Primer 软件的 LADBM(VegaPrime

Large Area Database Manager)模块支持 Terra Vista 场景模型的载入,解决了大地形显示逼真度与画面流畅度相互制约的问题。

Terra Vista 是 Presagis 公司基于 Windows 平台的实时 3D 复杂地形数据库生成工具系统软件,专门应用于处理高精度大面积地形数据,支持多种数据格式导入和多种数据库格式输出。该软件主要有以下几个特点。

(1)导入数据操作向导化,即建立新数据库工程后,通过界面向导导入源数据,导入过程中还可以根据需要设置投影方式、地形块尺寸、输出地形格式、多层次细节(Level of Detail,LOD)等。

(2)文化特征数据编辑复杂,包括线条和线路造型、复杂河流/护道造型、自动桥梁设计等,并可方便进行编辑修改,这些矢量数据共分为三种类型:点类型、线类型和区域类型,可根据需要进行添加和修改。

(3)自动生成功能,即在输入数据源及设置好数据库参数后,Terra Vista 能自动将所需的各种数据元素合成,生成 3D 地形数据库,输出的实时数据可立即预览并能为用户所使用,能大大降低劳动强度及各种相关费用。

在本次地景生成中,数据来源为在"谷歌地球"下的 15 级高程数据和 19 级卫星图片,地域为成都双流机场及附近 700 余平方千米,用于在 Terra Vista 中生成三维地景。对于飞行视景仿真,其对机场真实性要求较高,初始生成地图由于高程数据误差及卫图分辨率较低等情况,无法满足该要求,因此后来又通过对机场地区抹平并放入在 Creator 中构建的 3D 机场跑道模型来尽量模拟真实机场。本教学实验系统对于场景模型的建模包括:高程数据获取及处理、三维场景构建 2 个步骤。

2.2.3　仪表显示系统开发方案

平视显示器主要用于显示飞机的姿态、状态信息,例如,能够将飞机当前期望和真实的姿态、速度、轨迹、航向等信息集中显示在可视化场景当中,同时提供包含发动机状态并及时给出机组告警信息。

2.2.4.1　基于 GL Studio 的显示系统开发

GL Studio 是 DISTI 公司开发的用于建立实时、三维、照片级的交互图形界面。用户可在图像设计窗口以所见即所得的效果完成所需界面的设计制作。通过代码的编辑器完成实验所需的逻辑仿真。其代码编辑器将用户完成的设计自动转化为 C++ 和 OpenGL 代码,这些代码可单独编译,也可嵌入其他应用程序中,从而避免了大量的底层程序开发,大大减少了开发周期,提高了开发效率。此外,在 GL Studio 中,开发人员可以通过设置消息响应函数,使得仪表具备响应键盘、鼠标等用户设备输入的功能。

在实际应用中,GL Studio 开发虚拟显示仪表的流程如图 2-3 所示。

(1)设计图形界面结合实际开发需求,利用 PhotoShop 制作对应的 PNG 纹理图片,在 VC++ 环境下建立一个 GL Studio Active XWizard 工程,建立主面板对象,并为其添加纹理图片。

（2）生成源代码将设计的图形界面保存，生成 C++ 和 OpenGL 源代码。

（3）设置属性和代码移植为对象添加必要的变量、响应事件和属性，实现仪表指针、数字显示等的控制。将再次保存的源代码加入 VC++ 用户工程。

（4）生成仿真程序编译、链接、运行，可生成可执行文件和仿真程序。

如果对测试结果不满意，需对仿真界面进行更改。

显示系统的仪表开发主要采用仪表图形编辑软件 GL Studio 制作。控制系统通过 GL Studio 软件与 VC++ 的混合编程，输出控制相关仪表的模拟显示。

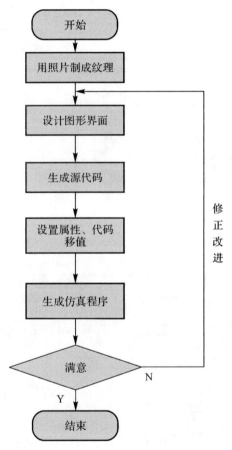

图 2-3　GL Studio 开发虚拟仪表的流程

2.2.4.2　飞机主飞行状态显示画面（Primary Flight Display，PFD）

飞机主飞行状态显示画面是飞行员掌控飞机的重要窗口，它是以飞行员为中心设计的，是飞行员获取飞机飞行信息最直观的渠道。

一幅完整的主飞行显示画面由上、下两个分画面组成。上半画面由姿态指示模块、空速指示模块、高度指示模块和垂直速度指示模块组成，下半画面由航向指示模块和文字信息模块组成，其构成如图 2-4 所示。

根据图 2-4 的主飞行显示画面构成图可以得到主飞行画面的具体开发过程，如图

2-5所示,创建各个了模块的.gls文件,为其指定接口和动作;将所创建的姿态指示模块、空速指示模块、高度指示模块及垂直速度指示器整合为上半画面的.gls文件,同时整合接口函数;同样,将所创建的航向指示模块、文字信息模块整合为下半画面.gls文件,并为其整合接口。最后,将上下画面整合为一幅完整的主飞行画面,确定所有接口。

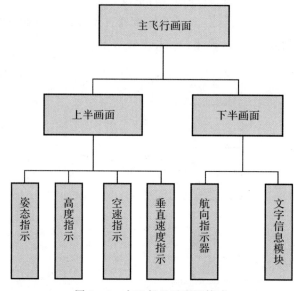

图2-4 主飞行显示画面构成

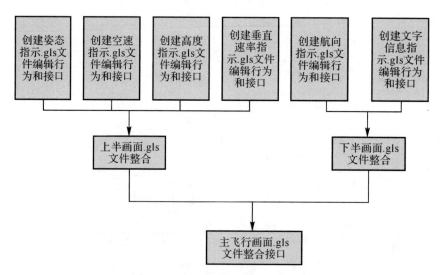

图2-5 主飞行显示画面开发流程

根据图2-5的开发流程所开发的主显示画面如图2-6所示。

主飞行显示画面包括空速指示模块、高度指示模块、垂直速度指示模块、航向指示模块、文字信息模块和姿态指示模块。下面详细介绍各个模块画面的创建过程。

1. 空速指示模块、高度指示模块和垂直速度指示模块

空速指示模块位于主显示画面的左侧,为连续的垂直刻度带,每个刻度格代表 20 m/s,并在刻度旁边进行速度标记。在刻度带的中心位置有一个短的固定基准线及一个数字显示框,显示框中显示的是当前的飞行空速值。

高度指示模块位于主显示画面的右侧,结构与空速显示模块相同,也为连续的垂直刻度带,每一刻度格代表 500 m。当前高度显示在刻度带中心位置的数字显示框中。给定高度则显示于刻度带显示框的顶端。

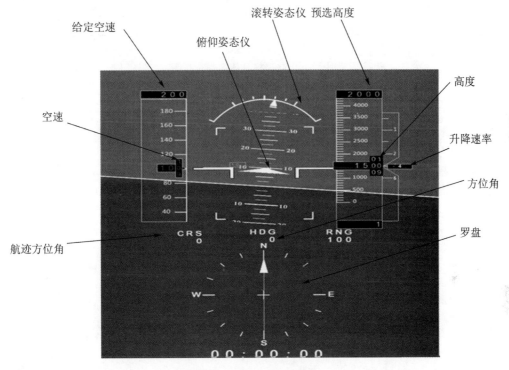

图 2-6　PFD 显示画面

由于空速梯和高度梯都使用了相同的技术,均用到了字符显示、尺度移动技术。所以在这里,我们可以将空速显示模块和高度显示模块分别做成可修改的.gls 格式的可重用软件对象(Reusable Software Object,RSO),然后在主显示界面分别对它们进行调用,这样不仅结构清晰,而且管理和修改都很方便。下面以空速显示模块为例进行具体说明。

空速显示模块的具体实现过程如图 2-7 所示,其中右图为空速显示模块的运动方式的具体实现过程。绘制刻度带纹理、放置文本对象和设置矩形对象窗口的大小,注意刻度带长度要大于矩形对象窗口,这样在移动刻度带时就有充足的裕量。设置刻度带滚动比例是刻度带移动的关键,它需要根据所绘制的刻度带长度及刻度范围决定。

图 2-8 所示为刻度带滚动比例计算原理示意图。刻度带每显示一个速度值,就需要计算刻度带纹理相对其初始位置需要移动的像素值。

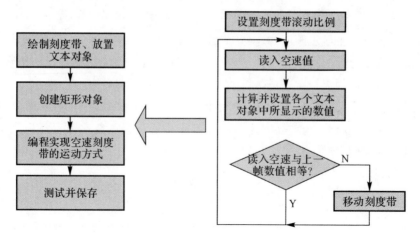

图 2-7 空速梯具体实现过程图

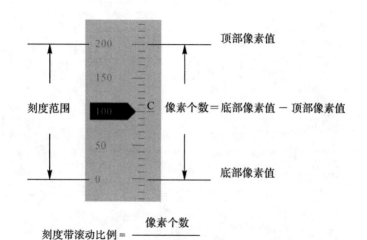

图 2-8 刻度带滚动比例计算原理示意图

具体实现代码如下：

```
//获取矩形对象的纹理图片初始位置；
static bool first2 = true；
static VertexNoColor * StartLoc2；
static float startingy2；
if (first2)
{
    StartLoc2 = tasIndex->GetTextureCoordinates()；
    startingy2 = StartLoc2[0].y；
    first2 = false；
}
//根据需要显示的速度值 value，移动纹理图片
//速度显示范围 0~380 m/s
```

```
if(abs(value)<=380)
{
    ChangeVTexture (tasIndex,0.00158, 0, 380, -value,startingy2 );
}
else
{
ChangeVTexture (tasIndex,0.00158, 0, 380, -(380+5),startingy2 );
}
```

2. 航向指示模块

航向指示模块位于主显示画面的下半部分,居中显示。首先创建罗盘的盘面,如图 2-9 所示,罗盘盘面是一个绕中心 360°旋转的封闭圆圈。创建盘面的方法有以下两种:

(1)利用 GL Studio 提供的相关插件和图元绘制。

(2)纹理贴图。采用 GL Studio 所提供的 GlsAngularScale 插件能够很方便地创建罗盘盘面。在添加插件后,设置属性如图 2-10 所示,同时采用 GL Studio 提供的圆/规则多边形图元 ◉▾ 添加外环圆形对象,利用直线对象 ╱ 绘制罗盘中心飞机及转动指针,之后完成画面创建。罗盘显示可通过圆盘绕 Z 轴的转动体,具体实现可用 GL Studio 提供的 API 函数 DynamicRotate 实现。

3. 姿态指示模块

姿态指示模块由代表天与地的背景模块、俯仰指示和横滚指示构成。该显示模块利用一张蓝棕两色的纹理涂片来表示天与地,蓝色表示天空,棕色表示大地,蓝棕两色的交界线即为地平线。运动时,俯仰梯与纹理图片一起运动,并始终保持俯仰梯的零刻度线与地平线重合。飞机的俯仰值体现在纹理图片的纵向运动上,横滚值为矩形对话框绕 Z 轴旋转的幅度。

俯仰显示模块制作的基本流程与空速显示相同,创建纹理涂片,创建矩形刻度对象 ▣ ,为其添加纹理图片,纹理刻度条移动的基本原理如图 2-11 所示。横滚则是将该矩形对象绕 Z 轴旋转即可体现出来。

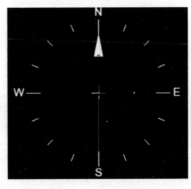

图 2-9　罗盘盘面

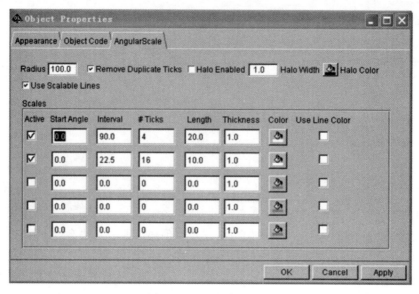

图 2-10 罗盘盘面设置

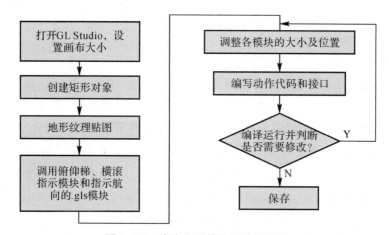

图 2-11 姿态指示模块设计流程图

需要注意的是,由于横滚的刻度指示模块是直接利用 GL Studio 所提供的基本图元线段绘制而成,所以需要对其进行反走样操作,使线段平滑,提高逼真度。图 2-12 所示为横滚指示模块反走样前后对比图。

(a)   (b)

图 2-12 横滚指示模块反走样前后对比图
(a)反走样前; (b)反走样后

4. 数字显示模块

在主显示画面中,字符数据的显示可以通过点击 Create 模块中的 Textured Text Grid
在图像编辑界面绘制文本框来实现,具体设置如图 2-13 所示,文本信息的内容和颜色可以通过相应的 API 函数改变。

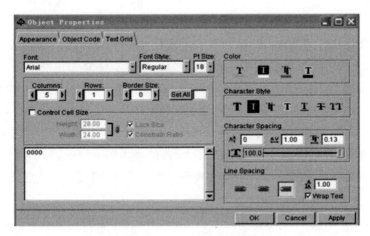

图 2-13 Text Grid 设置框

结合主飞行显示画面的功能构成,整个主飞行显示画面与外部进行交互的接口说明见表 2-1。

表 2-1 主飞行显示画面接口说明

序号	控件属性	描述及接口说明
1	double Pitch();	表示当前俯仰角指示,单位为(°)
2	double Roll();	表示当前滚转角,单位为(°)
3	double Heading();	表示飞机 x 轴所指方位,单位为(°)
4	double Course();	表示航迹方位角,单位为(°)
5	double Bata();	表示侧滑,单位为(°)
6	double Tas();	表示当前空速,单位为 nmile/h
7	double Tasg();	表示给定空速,单位为 nmile/h
8	double Machn();	表示当前马赫数
9	double Hdot();	表示当前垂直速率,单位为 m/s
10	double Height();	表示飞机当前高度,单位为 ft(1 ft≈0.304 5 m)
11	double Heightg();	表示选定高度,单位为 ft
12	double kpa Height();	表示当前的高度下的气压,单位为 kPa
13	double Range();	表示当前所行航程,单位为 km
14	bool Testing();	测试模态开关,其中 1 表示开启测试模态;0 表示正常工作模态

2.2.4　视景仿真软件开发方案

本教学实验系统所要开发的视景仿真软件运行于图形工作站上,主要用于实现飞机运动过程的实时三维视景显示,包括飞机的俯仰运动、滚转运动以及偏航运动等。视景仿真软件的主要功能是将本教学实验系统建立的飞机 3D 模型、场景模型以及仪表显示系统用一款支持可视的虚拟现实软件驱动并渲染起来。

目前,视景仿真软件的开发方法从开发工具来看,可分为底层工具层开发和高级应用层开发。底层开发工具的选择目前基本无一例外的都是 Open GL,这是由它在专业领域的无可取代性决定的;高层视景开发工具,目前使用较多的是 Vega Prime、Vega、OSG(Open Scene Graph)、IRIS Performer 和 VTree 等。它们的共同特点是底层都支持 Open GL,这为仿真系统的开发提供了很大的灵活性。它们优于 Open GL 最大的特点在于采用了生成仿真场景的软件加速方法,如 LOD 层次模型、可见性判定和消隐技术等。因此,这些高级开发工具为设计人员省去了漫长的底层开发时间,随着视景仿真系统的日益复杂,这种高层开发软件取代底层视景开发的趋势将会越来越明显。

针对目前国内使用较多的 Vega Prime、Vega、OSG 三个视景仿真软件,表 2-2 中给出了它们开发性能的简单比较。

表 2-2　视景仿真软件比较

比较项目	仿真软件		
	Vega Prime	Vega	OSG
开发平台	Windows,Linux,Solaris	Windows	Windows,Linux,Solaris
编程语言	C++	C	C++
线程/进程	多线程	进程	多线程
图户界面	Lynx Prime	Lynx	否
模块化	是	是	否

OSG 平台存在的意义是把 3D 场景定义为一系列连续的对象(这些对象模型可以通过 OSG 之外的软件建立),从而完成对三维世界的管理。但是它不具备任何图形界面操作工具,这是类似于 Open GL 编程的一大弊病,这无形之中增加了编程者的负担,任何一个场景的改动都可能需要对代码进行很大修改,灵活性非常差,而且它不支持模块化设计的思想,这无疑是复杂系统软件设计的一大瓶颈,遏制了 OSG 的进一步发展。

Vega 和 Vega Prime 的产生,在很大程度上弥补了 OSG 的缺陷。它们不仅拥有 Performer 和 VSG(Vega Scene Graph)场景图,并且拥有了 Lynx/Lynx Prime GUI 图形用户界面工具,让设计者既可以通过图形化界面工具来进行快速配置,又可以通过底层场景图形 API 函数完成一些特殊功能的设计,将逼真的仿真环境设计能力和设计的易用性完美结合,加速开发进度的同时又不影响系统的完美性。

Vega Prime 是 Vega 的后继产物，目前 Multi Gen 公司已经停止了对 Vega 的版本更新，也就是说其发展前景至少是不乐观的。相比而言，Vega Prime 在许多方面拥有 Vega 无法比拟的优势：

(1)对于一个公司已经不再支持的软件工具，使用者对它的信心度可想而知。

(2)Vega Prime 支持 C++的编程接口，C++的强大功能是 C 所不能及的。例如，从可扩展性而言，用户可以利用 C++的可继承性来派生自定义的类，从而根据自己的目的开发特定的应用，而这个是 Vega 做不到的。

(3)Vega 是进程操作，而 Vega Prime 是基于线程的，可支持多线程操作，线程的灵活性也要强于进程：进程拥有自己的内存单元，而多个线程可以共享内存，这大大改善了程序的运行速度；一个程序只能拥有一个进程，却可以拥有多个线程，从系统任务设计角度分析，可以在程序执行过程中，根据不同的特点把不同的工作分给不同的线程去做，这对于程序的运行效率会有很大的改善。

(4)用户图形接口也有了很大的改善。其配置向导功能能够帮助用户快速创建、修改和配置；能够把界面设计文件(.acf)直接导出为 C++代码形式，省去了一些烦琐的资源及系统配置过程，极大地提高了编程效率，且导入的代码还能清晰明了地分析系统配置的参数及其意义。

基于上述分析，本教学实验系统采用 Vega Prime 软件进行视景仿真软件的开发。

2.2.4.1　基于 Vega Prime 的视景仿真软件开发流程

Vega Prime(VP)视景仿真软件系统的架构图可用图 2-14 表示。VP 软件以图形化用户界面 Lynx Prime 的形式，将飞机 3D 模型、场景模型以及模型的位置姿态参数、特效配置、运动模式等信息集成在 *.acf 文件中。因此，ACF 文件实质上包含了 VP 软件初始化和运行时所含的一些基本信息。在完成 ACF 文件配置后，用户将 VP 软件所提供的 API 函数加载为 VC 程序的接口程序，根据用户软件设计要求完成实时的模型运动、场景变化操作。

基于 Vega Prime 仿真应用系统的开发有一套特定的流程，如图 2-15 所示。由图可知，仿真系统开发过程主要分为模型设计、ACF 文件设计和应用程序开发三部分。

这里重点对应用程序开发流程进行介绍，它是视景仿真系统设计的核心。VP 应用程序开发有一套严格的开发流程，分为初始化、定义、配置、仿真循环、关闭 5 个步骤。

(1)VP 初始化。vp::initialize 必须是 VP 应用程序的第一个函数，也是初始化的函数入口。该函数完成 VP 运行系统的初始化，主要包括对运行 license 的检查、初始化一些静态变量和一些单例类、初始化内存分配器、初始化渲染类库、初始化场景图、初始化 VP 的一些模型接口及对 Kernel 类的初始化。

(2)定义。在初始化之后，完成对运行系统的定义。调用 vp Kernel::define 函数完成对 ACF 文件的解析，主要是解析出 Lynx Prime 中添加的系统运行时所需的类实体。

(3)配置。系统定义之后，VP 需要完成一些诸如多线程模式、线程优先的一些配置。同时还能将不同的类关联起来，并且与 unconfigure 配合使用可以使配置达到 configure 之前的状态。利用这一特性，用户根据自己的需要可以反复使用配置功能。

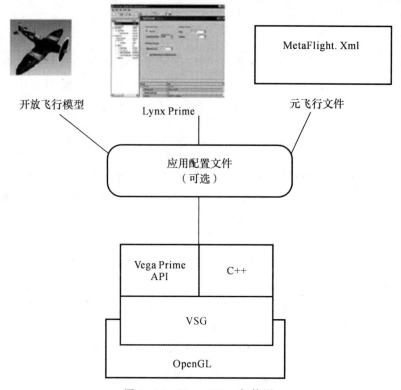

图 2-14　Vega Prime 架构图

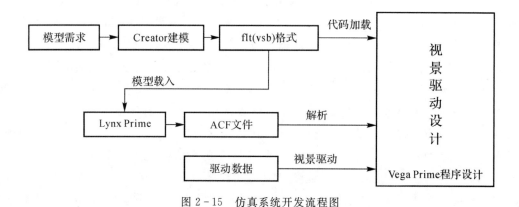

图 2-15　仿真系统开发流程图

（4）仿真循环，也叫帧循环。这是应用程序的核心部分，所有的编程工作量几乎都体现在这里。仿真循环在一个特定函数中完成程序如下：

```
while(vp Kernel::instance()—>begin Frame()! =0)
action();              //完成自定义的仿真设计
vp Kernel::instance()—>end Frame();
```

（5）关闭 VP。相对于初始化而言，vp::shutdown 是应用程序的最后一个调用的函数，完成一些内存释放、终止异步线程、返回 licenses 的操作后退出 VP 系统。

以上 5 个步骤组成 VP 应用程序的最小系统,其流程如图 2-16 所示。

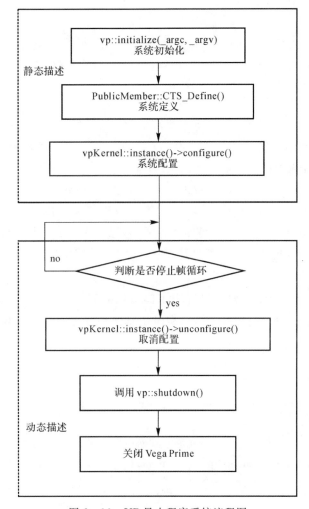

图 2-16　VP 最小程序系统流程图

2.2.4.2　基于 MFC 的 Vega Prime 设计

Vega Prime 的交互性操作主要是通过集成的 MFC 程序实现的。本教学实验系统采用基于 Dialog 的 MFC 程序框架完成视景仿真软件的设计。将 Vega Prime 程序移植到 MFC 的 Dialog 程序需要解决以下两个问题:①VP 线程在 Dialog 程序中的初始化;②VP 线程在 Dialog 程序中的仿真循环。

1. VP 线程在 Dialog 程序中的初始化

系统的初始化、配置以及定义只调用了一次,因此可以在 CMy View 类的 On Create()中完成这些配置设计,如下:

```
result = vp::initialize(__argc,__argv);　//初始化设置
assert(result == vsgu::SUCCESS);//定义.ACF 文件
CString acf File;
```

```
if (__argc <= 1)
        acf File = "vp_mfc.acf";
else
        acf File = __argv[1];
result = vp Kernel::instance()->define(acf File); //ACF 文件定义（解析）
assert(result == vsgu::SUCCESS); //配置
result = vp Kernel::instance()->configure(acf File);
```

在完成了场景的初始化工作后，接下来要解决 VP 场景显示问题。VP 显示需要的是一个父窗口，只需把显示窗口的指针传给 VP 的 set Parent()即可。因此对于本文而言，需要把 View 指针的句柄设置为 VP 的显示父窗口，设置如下：

```
vp Window * vp Win = * vp Window::begin();    //找到 VP 的第一个窗口
vp Win->set Parent(m_h Wnd);                  // m_h Wnd 为当前窗口句柄
```

由此可知，基于 MFC 的 VP 设计是非常灵活的，想让 VP 在哪个上面显示，只需把它的句柄传给 set Parent()。因此显示窗口可以是 View，也可以是 Dialog，甚至是按钮、文本框等，只要能得到相应的窗口句柄。

以上操作都放在 on Create()中，这样当主窗口建立完成后，也相应地完成了对 VP 的基本的设置，在 on Create()最后打开定时器，实时仿真循环就在定时器函数 On Timer(UINT n IDEvent)中完成：

```
Void CMy View::On Timer(UINT n IDEvent)
{
        int frame Num = vp Kernel::instance()->begin Frame();
        assert(frame Num ! = 0);
        action();                          //视景仿真驱动设计
        int result = vp Kernel::instance()->end Frame();
        assert(result == vsgu::SUCCESS);
}
```

最后，VP 的关闭可以在析构函数中完成。主要完成 VP 仿真循环的退出以及 VP 系统退出等相关工作。

```
Void CMy View:: ~CMy View (UINT n IDEvent)
{
        vp Kernel::instance()->break Frame Loop();
        vp Kernel::instance()->unconfigure();
        result = vp::shutdown();
        assert(result == vsgu::SUCCESS);
}
```

2. VP 程序在 Dialog 程序中的仿真循环

线程分为工作者线程和 UI 线程。一般来说，工作者线程是完成一些烦琐的处理工作；而用户线程，顾名思义，指拥有自己的界面，它主要是用来处理一些用户事件的，而且尽量不要把烦琐的处理任务交给它去完成，以免严重影响 MFC 创建窗口的启动时间。

　　MFC 的主线程其实就是一个 UI 线程。因此这里只需创建一个工作者线程来完成 VP 的初始化、定义以及配置等繁杂的基础工作,以减少主线程的工作量,从而加快主窗口建立的速度。但有利必有弊,如果应用程序中线程的数量多了,处理线程之间的协调关系就非常麻烦。应用程序退出的时候一定要先结束工作者线程,因为在运行中 VP 会自动开一些线程来完成画面迭代和模型渲染的工作,如果直接退出会发生不可预知的异常状况。

　　基于线程的框架的搭建思路跟基于定时器的是如出一辙的,其线程完成的工作如下:

```
UINT vp Work Thread(LPVOID pParam)
{
        CMy View * p View = (CMy View * )pParam;        //得到当前 View 的指针
        vp∷initialize(__argc,__argv);
        p View->define();
        p View->configure();                //初始化、定义、配置
        p View->run();                //仿真循环
        p View->unconfigure();
        vp∷shutdown();                //VP 系统退出
        return 1;
}
```

　　线程中的函数简单明了地指出了 VP 运行需要的几个基本步骤,其详细的函数实现需要去完善。其中,关于渲染主窗口的绑定问题,可以在 configure()中设置其绑定父窗口的关系;unconfigure()函数的任务是在应用程序退出之前解除 VP 实例对象的引用,它可以是所有实例对象 unref()功能的一个集合;对于仿真循环可以完全交给 run()去实现,只需在此函数中设置仿真的循环判定直至终止退出循环,如下所示:

```
while(vp Kernel∷instance->begin Frame()！= 0)
{
        action();                        //仿真实现
        vp Kernel∷instance->end Frame();
}
```

　　完成线程的配置工作后,只需在适当位置调用此工作者线程即可。由上面的分析可知,不同的程序框架各有优缺点:基于定时器的单文档 VP 程序框架,结构简单,但随着系统的复杂程度越来越高,由于把 VP 的初始化配置工作和窗口的建立放在同一个线程中完成,严重影响了框架的生成;基于线程的框架设计会因为多线程的使用变得相对复杂,但是线程的使用优势明显,且 VP 也支持多线程操作。因此本文选用基于线程的框架设计。

2.2.5　飞行仿真视景子系统使用说明

　　本教学实验系统中飞行仿真视景子系统的设计包括初始化界面与视景仿真界面。点击桌面教学实验系统软件,即可启动飞行仿真视景子系统,初始化界面如图 2-17 所示。

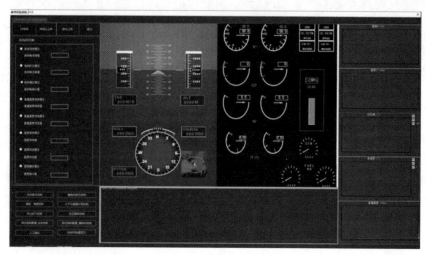

图 2-17　初始化界面

点击左上角"VP 启动"按键即可打开视景仿真界面，可实时以动画的形式展示飞机的姿态变换，如图 2-18 所示。

图 2-18　视景仿真界面

初始化界面右边的图表和中间的仪表用以显示飞机姿态，如图 2-19 所示。

左侧的模块用于给飞机传递操纵指令或监视飞机在飞行过程中的状态量。实验包含纵向姿态控制、横侧向姿态控制、速度高度控制、水平与垂直引导控制、自主起飞控制、自主着陆控制、纵向特征结构配置、横侧向特征结构配置、人工操纵和控制杆数值显示 10 个模块，通过单击相应的实验模块按钮进行切换，在进行半物理仿真试验的过程中，会自动切换到相应的模块，如图 2-20 所示。

在初始化界面中，下方为 MATLAB Command 文本框，如图 2-21 所示。

文本框中可以输入 MATLAB 指令，如＋tg 为开始仿真，－tg 为结束仿真。

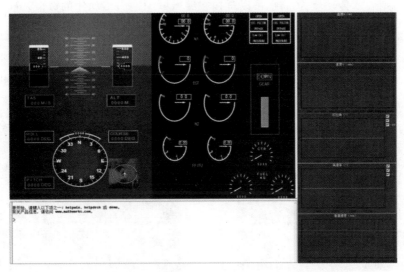

图 2-19　图表和仪表

图 2-20　各个实验模块按钮

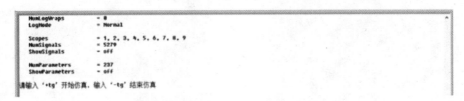

图 2-21　MATLAB Command 文本框

（1）人工操纵模态。人工操纵模态如图 2-22 所示。

1）单击阻尼增稳模态单选按钮，即可使用操纵杆操纵飞机。如果要修改升降舵传动比参数，需先单击升降舵传动比梯度值按钮，然后滑动滑块，编辑框中将显示对应传动比的数值，如编辑框中显示 5，则表示传动比为 5，也可以直接在编辑框中输入传动比的数值。确定传动比后，单击"传动比上传"按钮即可上传传动比。

2）单击直接链模态单选按钮，即可使用操纵杆操纵飞机。如果要修改升降舵传动比参数，需先单击升降舵传动比梯度值按钮，然后滑动滑块，编辑框中将显示对应传动比的数值，如编辑框中显示5,则表示传动比为5,也可以直接在编辑框中输入传动比的数值。确定传动比后,单击"传动比上传"按钮即可上传传动比。

(2)纵向姿态控制模态。纵向姿态控制模态部分如图2-23所示。

图 2-22　人工操纵模态

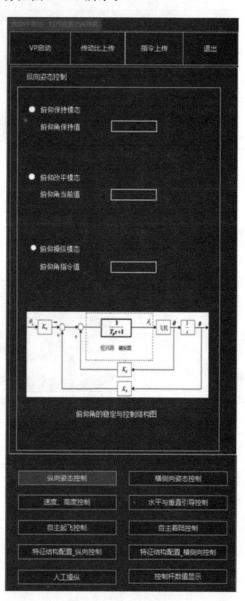

图 2-23　纵向控制模态

对于不可输入的编辑框,单击对应的单选按钮,即可上传指令。例如俯仰保持模态,单击俯仰保持模态按钮,编辑框中显示当前俯仰角值,并且飞机保持当前俯仰角。

对于可输入的编辑框,先单击编辑框对应的单选按钮,再在编辑框中输入目标值,单击"指令上传"按钮,即可上传指令。例如俯仰操纵模态,单击俯仰操纵模态按钮,编辑框中输入目标俯仰角值,单击"指令上传"按钮,将飞机的目标俯仰角修改为编辑框中的值。

(3)横侧向姿态控制模态。横侧向姿态控制模态部分如图2-24所示。

对于不可输入的编辑框,单击对应的单选按钮,即可上传指令。例如滚转保持模式,单击滚转保持模式按钮,编辑框中显示当前滚转角值,并且飞机保持当前滚转角。

对于可输入的编辑框,先单击编辑框对应的单选按钮,再在编辑框中输入目标值,单击"指令上传"按钮,即可上传指令。例如滚转操纵模式,单击滚转操纵模式按钮,在编辑框中输入目标滚转角值,单击"指令上传"按钮,将飞机的目标滚转角修改为编辑框中的值。

(4)速度、高度控制模态。速度、高度控制模态部分如图 2 - 25 所示。

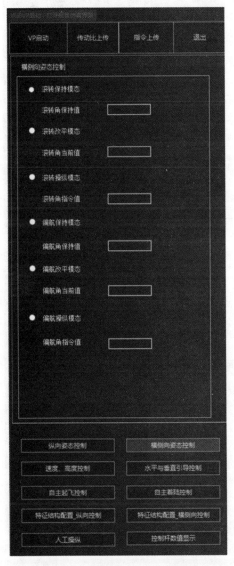

图 2 - 24　横侧向姿态控制模态

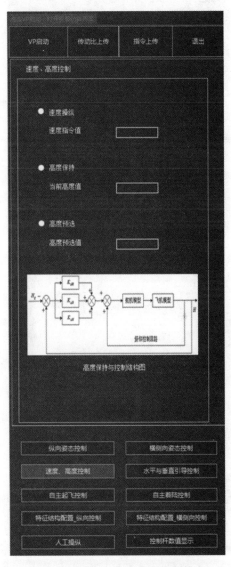

图 2 - 25　速度、高度控制控制模态

对于不可输入的编辑框,单击对应的单选按钮,即可上传指令。例如高度保持模式,单击高度保持模式按钮,编辑框中显示当前高度值,并且飞机保持当前高度。

对于可输入的编辑框,先单击编辑框对应的单选按钮,再在编辑框中输入目标值,单击"指令上传"按钮,即可上传指令。例如速度操纵模式,单击速度操纵模式按钮,在编辑框中输入目标速度值,单击指令上传按钮,将飞机的目标速度修改为编辑框中的值。

(5)水平与垂直引导控制。水平与垂直引导控制部分如图 2-26 所示。

在 MATLAB 指令窗口中输入+tg 开始实验后,在视景仿真中观察飞机姿态的同时,可以通过图 2-19 界面监测飞机状态量,监测实验是否正常进行。

(6)自主起飞控制。自主起飞控制部分如图 2-27 所示。

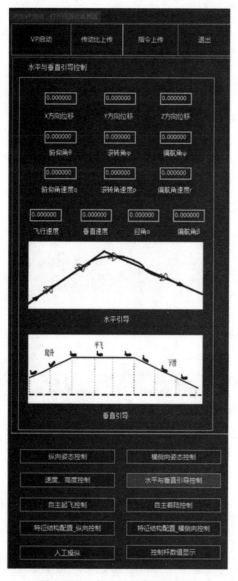

图 2-26　水平与垂直引导控制

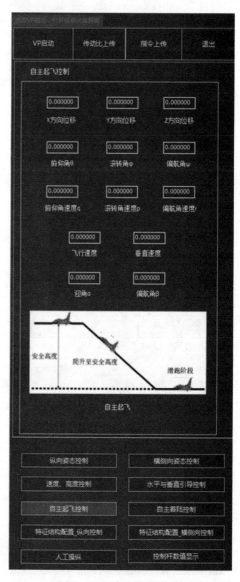

图 2-27　自主起飞控制

在 MATLAB 指令窗口中输入+tg 开始实验后,在视景仿真中观察飞机姿态的同时,可以通过上图界面监测飞机状态量,监测实验是否正常进行。

(7)自主着陆控制。自主着陆控制部分如图 2-28 所示。

在 MATLAB 指令窗口中输入+tg 开始实验后,在视景仿真中观察飞机姿态的同时,可以通过图 2-19 界面监测飞机状态量,监测实验是否正常进行。

(8)特征结构配置:纵向控制。特征结构配置:纵向控制部分如图 2-29 所示。

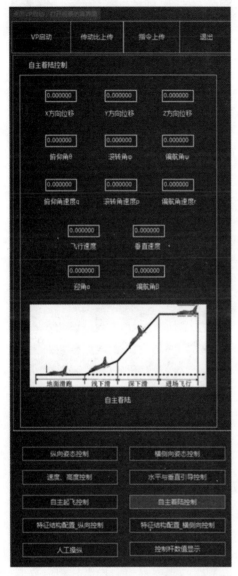

图 2-28　自主着陆控制

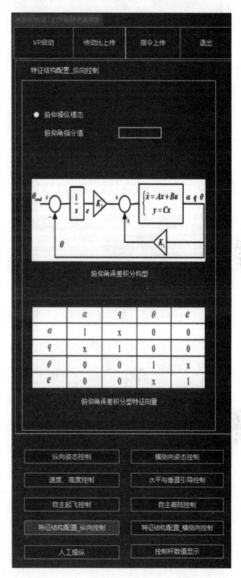

图 2-29　特征结构配置:纵向控制

开始实验后,选择俯仰操纵模态,在编辑框中输入俯仰角指令值,然后点击"指令上传",飞机的目标俯仰角会修改为编辑框中的值。

(9)特征结构配置:横侧向控制。特征结构配置:横侧向控制部分如图 2-30 所示。

开始实验后,选择滚转操纵模态,在编辑框中输入俯仰角指令值,然后点击"指令上传",飞机的目标滚转角会修改为编辑框中的值。

(10)控制杆数值显示。控制杆数值显示部分如图 2-31 所示。

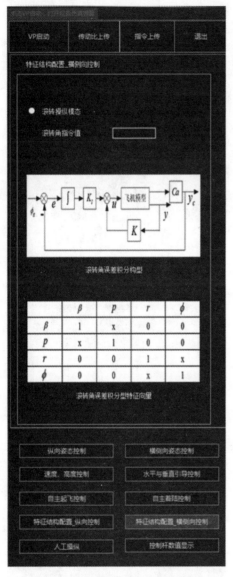

图 2-30 特征结构配置:横侧向控制

图 2-31 控制杆数值显示

开始实验后,移动三个操纵设备(操纵杆、油门杆、脚蹬),观察界面中操纵杆相应数值变化是否正确。本模块主要用于控制杆测试,不在正式实验中使用。

第 3 章　飞行控制教学实验系统安装

本章主要描述飞行控制教学实验系统的安装图,用于指导飞行控制教学实验系统的安装。

3.1　安装所需设备及其介绍

3.1.1　安装所需设备

每套飞行控制教学实验系统需要以下设备:

- 综合控制与显示计算机 1 台及相应线缆;
- 显示器 2 台;
- 飞行仿真实时计算机 1 台;
- 操纵设备(操纵杆、脚蹬、油门杆)各 1 套;
- 电源转换模块及相应转接线 1 套;
- 9 针 RS232 串口线(直通)2 根;
- 网线 1 根;
- F - 16 缩比模型 1 架;
- 航模用 2S 锂电池 1 个;
- DAP 下载器及相应转接线 1 套;
- DreamBuilder - 01 飞控板及配套转接板 1 套。

3.1.2　设备介绍

具体设备功能介绍见表 3 - 1,转接板各接口连接对应表见表 3 - 2。

表 3 - 1　设备功能介绍

设备名称	设备功能
综合控制与显示计算机及显示器	控制及显示
飞行仿真实时计算机	实时仿真运行
操纵设备	人工操纵
DreamBuilder - 01 飞控板及配套转接板	控制模块

续 表

设备名称	设备功能	
9 针 RS232 串口线(直通)及配套转接线	半双工通信	通信线缆
网线	全双工通信	
航模用 2S 锂电池	供电模块	
电源转换模块及相应转接线		
DAP 下载器及相应转接线	程序调试及下载	
F-16 缩比模型	控制实物对象	

表 3-2　转接板各接口连接对应表

转接板接口名称	其他设备接口名称
J30J-51TJW-J 母口	DreamBuilder-01 飞控板 J30J-51TJW-J 公口
SWD 接口	DAP 下载器信号输出口
电源接口	电源转换模块输出口
PWM 接口(5,6,8)	F-16 缩比模型线缆(Rudder,Aileron,Elevator)
RS-232 4 接口	飞行仿真实时计算机 COM2 口
RS-232 6 接口	飞行仿真实时计算机 COM1 口

3.2　安装步骤

3.2.1　连接 DreamBuilder-01 飞控板及配套转接板

如图 3-1 所示,左侧的是 DreamBuilder-01 飞控板,右侧的是配套转接板。飞控板上共有 5 个接口,最上边的两个铜质接口是空速管接口,用于测量真空速,下边的两个突出黄色铜质接口分别是 GPS 通信接口和电台通信接口,这四个接口在此次实验中未使用,留作备用。本实验会使用到的是正下方的 J30J-51TJW-J 航空插头,将飞控板的公口与转接板的母口相连即可,连接后如图 3-2 所示。

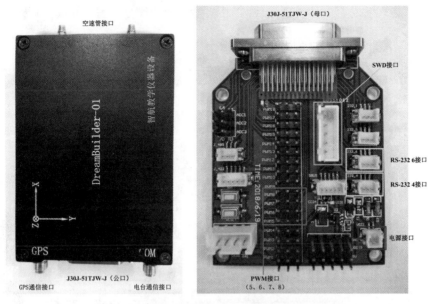

图 3 - 1 DreamBuilder - 01 飞控板及配套转接板

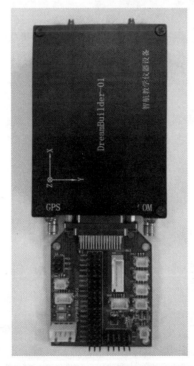

图 3 - 2 DreamBuilder - 01 飞控板与转接板连接示意图

3.2.2 转接板连线

如图 3 - 3 所示,本实验会用到 SWD 接口、RS232 接口、电源接口和 PWM 接口,一般将电源接口放在最后连接,其他三个接口安装顺序可随意调整。因为模型飞机机舱过于狭小,不好展示连线图,所以在实验台上拍摄了接线图,在机舱中的接线方式与此相同,具体连线如图 3 - 4～图 3 - 10 所示。

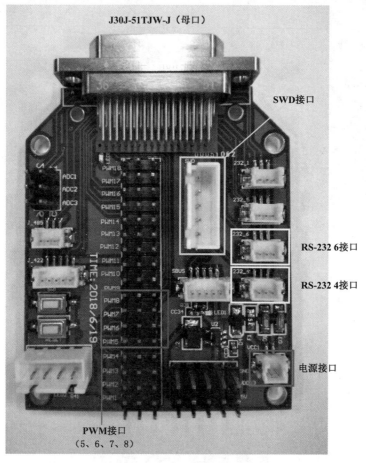

图 3 - 3　DreamBuilder - 01 飞控板配套转接板示意图

图 3 - 4　转接板连接串口线

图 3-5　转接板连接电源转换模块

图 3-6　转接板连接电源转换模块与电池(上电)

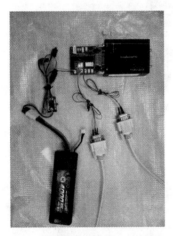

图 3-7　转接板连接串口线与电源

图 3-8　机舱内转接板连接舵机线缆、串口线及电源线

图 3-9　机舱内转接板连接舵机线缆、串口线及
　　　　电源线、DAP 下载器

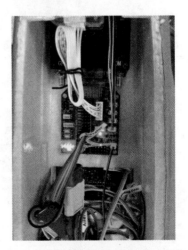

图 3-10　机舱内连线完成(正常工作状态)

3.2.3　飞行实时仿真计算机连线

本实验需将与扩展板相连的串口线与飞行仿真实时计算机上的串口线相连,连错了也没有关系,将串口线换一种方式连接即可;还需将飞行仿真实时计算机与配套显示器相连,以观测综合控制与显示计算机实时仿真曲线图;最后需用网线和综合控制与显示计算机相连接,实现 UDP 实时通信,飞行仿真实时计算机接口如图 3-11 所示。

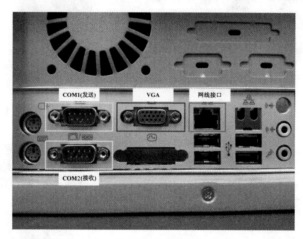

图 3-11　飞行仿真实时计算机接口

飞行仿真实时计算机的 COM1 接口在实验中发送数据,COM2 接口在实验中接收数据;飞控板中 UART4 发送数据,UART6 接收数据,UART4 与 RS232-4 相连,UART6 与 RS232-6 相连;将飞控板中的 RS232-4 与飞行仿真实时计算机的 COM2 口相连,RS232-6 与飞行仿真实时计算机的 COM1 口相连,这样才能完成串口通信,使实验正常进行。

飞行仿真实时计算机正常接线如图 3-12 所示。

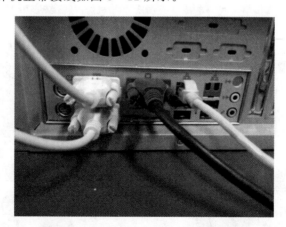

图 3-12　飞行仿真实时计算机正常接线

3.2.4　综合控制与显示计算机连线

综合控制与显示计算机上主要需连接操纵杆、油门杆和脚蹬,这些设备都是通过 USB 与综合控制与显示计算机相连的,还需将与飞行仿真实时计算机相连的网线与综合控制与显示计算机相连,综合控制与显示计算机背后接口如图 3-13 所示。

图 3-13　综合控制与显示计算机背后接口

第 4 章　无人机自然特性分析实验

本章实验利用某无人机在典型飞行状态下的纵向、横侧向气动数据,结合飞行力学、飞行控制系统等理论基础,完成以下几方面的数字仿真实验:

(1)对飞机的纵向、横侧向静稳定性进行分析。

(2)利用六自由度非线性数学模型,对无人机在典型飞行状态下进行定直平飞模态的配平处理,并在此配平基础上对非线性模型进行线性化,得到飞机的纵向、横侧向线性模型,分析、对比配平结果。

(3)以典型配平状态下的线性飞机模型为对象,分析飞机的纵向与横侧向自然特性。

4.1　无人机静稳定性分析

4.1.1　简介

本实验利用某无人机典型飞行状态下的纵向和横侧向气动数据,结合飞行力学、飞行控制系统等理论基础,分析飞机的纵向和横侧向静稳定性,并通过改变飞机的重心位置,研究重心对飞机纵向和横侧向静稳定性产生的影响。

4.1.2　实验目的

掌握无人机纵向和横侧向静稳定性计算和分析方法,熟悉并理解全机重心位置对飞机纵向和横侧向静稳定性的影响。

4.1.3　实验原理

1. 无人机静稳定导数计算

通过研究无人机的 $C_m(\alpha)$(随迎角变化的俯仰力矩)、$C_1(\beta)$(随侧滑角变化的滚转力矩系数)、$C_n(\beta)$(随侧滑角变化的偏航力矩系数)气动曲线图,在小气流角线性范围内计算俯仰静稳定性导数 $C_m^\alpha = \partial C_m / \partial \alpha$、滚转静稳定性导数 $C_1^\beta = \partial C_1 / \partial \beta$、偏航静稳定性导数 $C_n^\beta = \partial C_n / \partial \beta$,通过静稳定性导数的极性判断无人机的静稳定性。

2. 无人机气动力矩系数修正

在飞机重心位置移动 (x_{cg}, y_{cg}, z_{cg}) 后,修正后的俯仰力矩系数 C_m^*、滚转力矩系数 C_1^*、偏航力矩系数 C_n^* 可以利用下式计算:

$$
\left.\begin{aligned}
C_m^* &= C_m - \frac{C_N x_{cg}}{c_A} + \frac{C_T z_{cg}}{c_A} \\
C_l^* &= C_l - \frac{C_C z_{cg}}{b} + \frac{C_N y_{cg}}{b} \\
C_n^* &= C_n + \frac{C_C x_{cg}}{b} - \frac{C_T y_{cg}}{b}
\end{aligned}\right\}
\tag{4-1}
$$

其中：

$$
\begin{bmatrix} C_T \\ C_C \\ C_n \end{bmatrix} = \begin{bmatrix} \cos\alpha\cos\beta & -\cos\alpha\sin\beta & -\sin\alpha \\ \sin\beta & \cos\beta & 0 \\ \sin\alpha\cos\beta & -\sin\alpha\sin\beta & \cos\alpha \end{bmatrix} \cdot \begin{bmatrix} C_D \\ C_Y \\ C_L \end{bmatrix}
\tag{4-2}
$$

式中,α、β 分别为迎角、侧滑角,C_D、C_Y、C_L 分别为阻力系数、侧力系数和升力系数,C_T、C_C、C_N 分别为气动力在机体坐标轴系下沿 x、y、z 轴上的分力系数。

3. 机重心位置变化对静稳定性的影响对比分析

计算并对比分析 $C_m^\alpha = \partial C_m / \partial \alpha$ 与 $C_m^{*\alpha} = \partial C_m^* / \partial \alpha$,$C_l^\beta = \partial C_l / \partial \beta$ 与 $C_l^{*\beta} = \partial C_l^* / \partial \beta$,$C_n^\beta = \partial C_n / \partial \beta$ 与 $C_n^{*\beta} = \partial C_n^* / \partial \beta$,分析重心位置变化对静稳定性的影响。

4.1.4　实验仪器

综合控制与显示计算机、MATLAB 仿真软件。

4.1.5　实验内容与步骤

1. 实验内容

绘制飞机静稳定导数曲线,分析飞机的静稳定性。

2. 实验步骤

(1)启动 MATLAB 软件,运行 UAV_Config.m 文件,即可载入飞机的气动数据。

(2)利用 MATLAB 中 Plot 命令绘制飞机 $C_m(\alpha)$、$C_l(\beta)$、$C_n(\beta)$ 气动力矩曲线。

(3)在气流角范围内计算静稳定性导数 C_m^α、C_l^β、C_n^β,并判断飞机的静稳定性。

(4)计算飞机改变重心位置后需要修正气动力矩系数 C_m^*、C_l^*、C_n^*。

(5)计算修正后的静稳定性导数 C_m^α、C_l^β、C_n^β,判断修正后飞机的静稳定性。

(6)分析重心位置变化对飞机静稳定性的影响,绘图进行对比。

(7)记录实验数据,撰写实验报告。

3. 仿真结果

C_m^α 的仿真曲线如图 4-1 所示。

4.1.6　思考题

在大迎角、侧滑角下,无人机静稳定性如何变化?

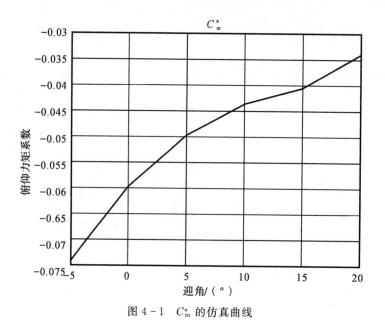

图 4-1 C_m^α 的仿真曲线

4.2 无人机数学模型配平及线性化

4.2.1 简介

本实验利用某无人机六自由度(6DOF)非线性数学模型,对无人机在典型飞行状态下(多组)进行定直平飞模态的配平处理,并在此配平基础上对配平非线性模型线性化,得到飞机的纵向和横侧向线性模型,分析、对比配平结果,为无人机自然特性的分析奠定基础。

4.2.2 实验目的

学习并掌握无人机 6DOF 非线性数学模型的配平方法,以及基于小扰动原理获得飞机的纵向、横侧向线性模型(状态空间模型),分析、对比不同配平状态下飞机的配平状态、舵面输出以及配平推力大小。

4.2.3 实验原理

1. 无人机 6DOF 非线性模型配平方法

利用 MATLAB 中 trim 函数或 findop 函数对无人机非线性模型进行配平。

2. 线性化处理

利用 MATLAB 中 linmod 函数获得无人机线性模型,并进行解耦处理,获得纵向、横侧向状态空间模型。

4.2.4 实验仪器

综合控制与显示计算机、MATLAB 仿真软件。

4.2.5　实验内容与步骤

1. 实验内容

得出正确的配平与线性化结果，为后续控制律设计做铺垫。

2. 实验模型（见图 4 - 2）

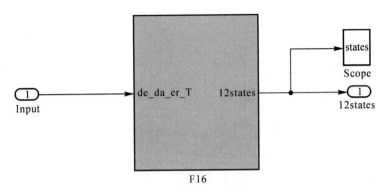

图 4 - 2　某无人机模型

3. 实验步骤

(1)启动 MATLAB 软件，运行 UAV_Config，载入飞机模型数据。

(2)运行 Run_trim 或者 Run_findop，启动配平仿真 m 文件。

(3)在 Command Window 中输入配平飞行状态（定直平飞）参数、高度和速度。

(4)记录配平结果，包括舵面偏转、飞机状态输出数值，绘制配平曲线，记录仿真结果。

(5)运行 Run_linmod 文件，对配平的模型进行线性化处理，获得飞机线性状态方程。

(6)对飞机的线性模型进行纵向与横侧向解耦处理，得到纵向、横侧向状态空间模型。

(7)记录飞机的线性模型，重复(1)~(6)，改变配平的高度和速度，记录不同飞行状态下配平线性化得到的结果。

4. 仿真结果（见表 4 - 1、表 4 - 2、图 4 - 3、图 4 - 4）

表 4 - 1　飞行状态点

状态点	飞行高度/m	飞行速度/(m · s^{-1})	飞机质量/kg
1	200	40	4.93

表 4 - 2　配平结果

状态点	速度 m · s^{-1}	迎角 (°)	侧滑角 (°)	滚转角 (°)	俯仰角 (°)	高度 m	升降舵 (°)	副翼 (°)	方向舵 (°)	推力 /N
1	40	2.30	0	0	2.34	200	−4.742	0	0	12.3

A_lon =

```
  -0.1563    21.7727     0.2638    -9.8067
  -0.0121    -6.4960     0.7920     0.0000
   0.0000    18.3904    -7.1957          0
        0          0     1.0000          0
```

B_lon =

```
    8.5120     0.2542
   -0.6858    -0.0003
 -136.1054          0
         0          0
```

C_lon =

```
   1.0000         0         0         0
        0    1.0000         0         0
        0         0    1.0000         0
        0         0         0    1.0000
```

D_lon =

```
        0         0
        0         0
        0         0
        0         0
```

图 4 - 3　状态 1 下纵向线性化结果

A_lat =

```
   -1.7512     0.0408    -0.9815     0.2450
 -454.7660   -19.2347     1.6373          0
  115.5244    -0.4028    -3.0628          0
         0     1.0000     0.0402    -0.0000
```

B_lon =

```
    8.5120     0.2542
   -0.6858    -0.0003
 -136.1054          0
         0          0
```

C_lon =

```
   1.0000         0         0         0
        0    1.0000         0         0
        0         0    1.0000         0
        0         0         0    1.0000
```

D_lon =

```
        0         0
        0         0
        0         0
        0         0
```

图 4 - 4　状态 1 下横侧向线性化结果

4.2.6　思考题

能否通过配平确定无人机最低飞行速度?

4.3　无人机自然特性分析

4.3.1　简介

本实验以某无人机在典型配平状态下的线性模型为对象,分析了该飞机的纵向与横侧向自然特性,其中纵向运动模态包括短周期、长周期模态,横侧向模态包括荷兰滚模态、滚转模态和螺旋模态,通过研究这些模态特征根在复平面的分布,分析不同配平飞行状态下无人机自然特性的变化趋势,加强对无人机自然特性的理解。

4.3.2　实验目的

学习并掌握无人机纵向、横侧向特征根的计算方法,通过分析各种典型配平状态下无人机自然特性,并结合无人机在受到扰动后自动恢复的仿真曲线,理解无人机自然特性变化趋势。

4.3.3　实验原理

当无人机定直平飞时,其状态满足如下条件:

$$\left.\begin{array}{c} p = q = r = 0 \\ \alpha = \theta = 0 \\ \beta = \phi = 0 \end{array}\right\} \tag{4-3}$$

式中,p,q,r 为无人机角速率在三个机体轴的投影分量;α 为迎角;θ 为俯仰角;β 为侧滑角;ϕ 为滚转角。

配平线性化得到的飞机纵向状态方程为

$$\left.\begin{array}{c} \dot{x}_{\text{lon}} = A_{\text{lon}} x_{\text{lon}} + B_{\text{lon}} u_{\text{lon}} \\ y_{\text{lon}} = C_{\text{lon}} x_{\text{lon}} \end{array}\right\} \tag{4-4}$$

纵向运动方程中存在两种典型模态:一种模态周期短、衰减快,称为短周期模态;而另一种模态周期长、衰减慢,称为长周期模态。短周期模态的特征值 λ、自然频率 ω 和阻尼比 ξ 计算公式如下:

$$\left.\begin{array}{c} \lambda = a \pm bi \\ \omega = \sqrt{a^2 + b^2} \\ \xi = -a/\omega \end{array}\right\} \tag{4-5}$$

配平线性化得到的飞机横侧向状态方程为

$$\left.\begin{array}{c} \dot{x}_{\text{lat}} = A_{\text{lat}} x_{\text{lat}} + B_{\text{lat}} u_{\text{lat}} \\ y_{\text{lat}} = C_{\text{lat}} x_{\text{lat}} \end{array}\right\} \tag{4-6}$$

无人机横侧向运动方程中存在三个典型模态:滚转阻尼模态、螺旋模态和荷兰滚模态。式(4-4)也为荷兰滚模态的特征值 λ、自然频率 ω 和阻尼比 ξ 计算公式。而对于只有一个单实根的滚转阻尼模态和螺旋模态,则时间常数 T_R 和半幅时间 T_h 计算公式为

$$\left.\begin{array}{c} T_R = \dfrac{1}{|\lambda|} \\ T_h = \dfrac{\ln 2}{|\lambda|} \end{array}\right\} \tag{4-7}$$

4.3.4　实验仪器

综合控制与显示计算机、MATLAB 仿真软件。

4.3.5　实验内容与步骤

1. 实验内容

计算纵向和横侧向特征根 λ、自然频率 ω、阻尼比 ξ,并结合特征根分析无人机各个模态。

2. 实验步骤

(1)启动 MATLAB 软件,按照 4.2.5 节相应步骤获得无人机的纵向、横侧向模型。

(2)按照式(4-6)、式(4-7)计算各个状态下的纵向与横侧向模态特征值、自然频率以及阻尼比等参数。

(3)统计上述参数,列表并绘制复平面分布图。

(4)分析高度和速度的变化对无人机特征值分布的影响。

(5)打开 UAV.mdl 文件,直接运行,即可分析在不同配平状态下无人机自然(舵面保持初始配平值)运动趋势,理解无人机自然特性变化规律。

(6)记录仿真结果、撰写实验报告。

3. 仿真结果(见表 4-3~表 4-7)

表 4-3　飞行状态点

状态点	飞行高度/m	飞行速度/(m·s⁻¹)	飞行质量/kg
1	200	40	4.93

表 4-4　纵向自然特性

状态点	特征根			阻尼比	自然频率	倍幅时间/s
	短周期	长周期		短周期	短周期	长周期
1	−10.670 2　−2.923 3	−0.420 7	0.166 3	1.224 5	5.550 6	8.172

表 4-5　荷兰滚模态

状态点	特征根	阻尼比	自然频率	阻尼
1	−2.407 8±11.408 9i	0.206 5	11.660 2	0.017 7

表 4-6　螺旋模态

状态点	特征根	自然频率	时间常数
1	−0.104 3	0.104 3	9.587 7

表 4-7　滚转模态

状态点	特征根	自然频率	时间常数
1	−19.129 0	19.129 0	0.052 3

4.3.6　思考题

在低速大迎角飞行状态时,无人机的荷兰滚模态如何变化?

第5章 无人机阻尼器设计与验证实验

本章实验利用某无人机在典型飞行状态下的纵向、横侧向气动数据,结合飞行力学、飞行控制系统等理论基础,在完成了第4章无人机自然特性分析实验的基础上,主要开展如下数字仿真实验。

(1)分别以典型配平状态下的纵向和非线性模型为实验对象,设计俯仰阻尼器,并进行数字仿真验证。

(2)分别以典型配平状态下的横侧向线性模型和非线性模型为实验对象,设计滚转阻尼器、偏航阻尼器,并进行数字仿真验证。

在任何的飞机控制律设计中,首先都需要进行 MATLAB 数字仿真,然后需要进行半物理仿真实验。半物理仿真相比 MATLAB 数字仿真更加接近真实,更具有实时性,更能说明在实际运行过程中的问题。

本章还主要做了以下半物理仿真实验:在飞行仿真视景子系统的初始化界面内,选择人工操纵模态下的阻尼增稳模态,分别进行俯仰阻尼器、滚转阻尼器和偏航阻尼器的半物理仿真验证。

5.1 无人机纵向阻尼器设计与数字仿真验证

5.1.1 简介

本实验以某无人机典型配平状态下的纵向线性模型为实验对象,设计俯仰阻尼器,并进行数字仿真验证,理解阻尼参数对无人机俯仰运动的影响,并进行非线性仿真验证。

5.1.2 实验目的

学习并掌握无人机俯仰阻尼器设计方法,通过改变阻尼器参数的数值,研究无人机俯仰轴运动的变化趋势,结合数字仿真验证阻尼器的作用,并利用 6DOF 对所设计的阻尼器进行非线性仿真验证。

5.1.3 实验原理

随着飞行包线的扩大,无人机自身的阻尼下降,无人机在飞行时其角速度会出现强烈振荡;此外,在无人机飞行员操纵无人机过程中,若用力过猛,会产生纵向短周期的振荡。为了便于操纵无人机,有必要增加阻尼器。

阻尼器以无人机角运动作为反馈信号,稳定无人机的角速率,增大无人机运动的阻尼,抑制振荡。

阻尼器由角速率陀螺、放大器和舵回路组成,如图5-1所示。

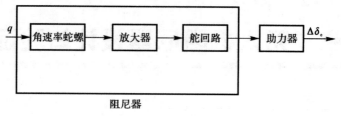

图5-1 阻尼器的组成

俯仰阻尼器的控制律为

$$\delta_e = K_q q = K_{\dot\theta} \dot\theta \tag{5-1}$$

式中,δ_e 为升降舵偏角;K_q,$K_{\dot\theta}$ 为比例系数;$\dot\theta$ 为俯仰角导数。

当飞机俯仰角速率大于 $0(q>0)$ 时,引入俯仰角速率反馈能使飞机的升降舵正向偏转($\delta_e>0$),从而产生负的俯仰力矩$[M(\delta_e)<0]$,飞机低头,抑制俯仰角的增大。故引入俯仰角速率 q 反馈可以增大飞机的纵向短周期运动的阻尼,从而提升飞机的纵向稳定性。

5.1.4　实验仪器

综合控制与显示计算机、MATLAB仿真软件。

5.1.5　实验内容与步骤

1. 实验内容

首先在线性化模型的基础上给予俯仰角速率 $5°/s$ 的扰动,观察其响应曲线,再为系统增加俯仰阻尼器(即反馈 q)观察此时的响应曲线,理解俯仰阻尼器的作用,进一步为非线性模型设计俯仰阻尼器。

2. 仿真模型(见图5-2和图5-3)

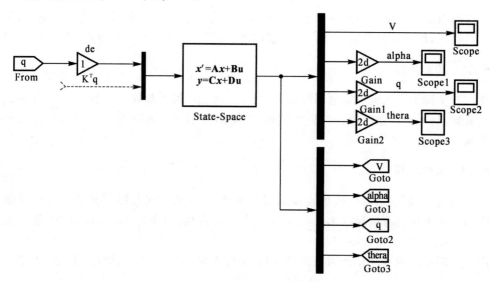

　图5-2 线性俯仰阻尼器模型

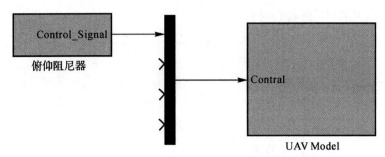

图 5 - 3　非线性俯仰阻尼器模型

3. 实验步骤

(1)启动 MATLAB 软件,以前文实验无人机典型配平状态下的纵向线性模型为基础,按照式(5-1),进行无人机俯仰阻尼器的设计。

(2)打开 UAV_linear_Damper.slx 文件,双击 State - Space 模块,在 Initial conditions 处参照如图 5-4 所示格式添加俯仰角速率扰动,状态变量从左到右依次是速度、迎角、俯仰角速率、俯仰角,需要注意的是,角度和角速度均为弧度制。

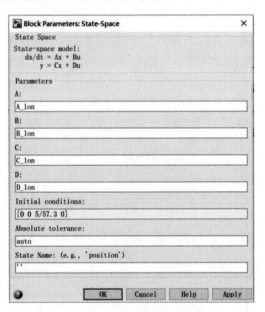

图 5 - 4　纵向模态参数设置

(3)添加比例模块,将俯仰角速率反馈引入到升降舵上,通过改变阻尼器参数 K_q 的数值,研究无人机俯仰运动的变化趋势。

(4)结合仿真曲线,理解阻尼参数对无人机俯仰运动的影响。

(5)利用 6DOF 对所设计的阻尼器进行非线性仿真验证。

(6)记录仿真曲线、撰写实验报告。

4. 仿真结果(见图 5-5~图 5-8)

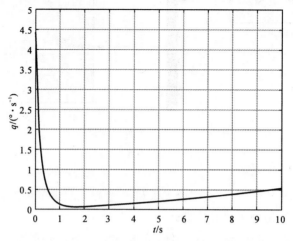

图 5-5 线性无阻尼器时俯仰角速率响应曲线

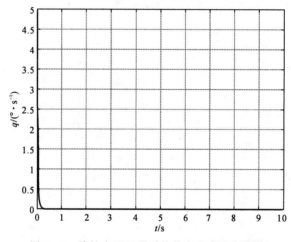

图 5-6 线性有阻尼器时俯仰角速率响应曲线

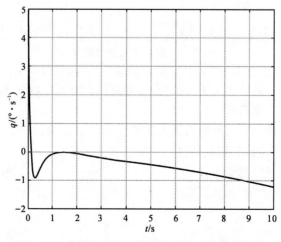

图 5-7 非线性无阻尼器时俯仰角速率响应曲线

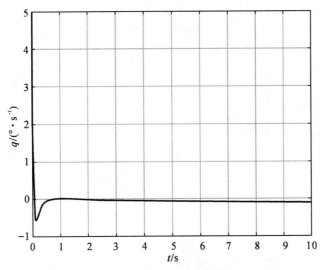

图 5 - 8　非线性有阻尼器时俯仰角速率响应曲线

5.1.6　思考题

当设计线性阻尼器和非线性阻尼器时,扰动分别是在什么基准上加入的?(是否一个需要加初始状态值,另一个不需要?)

5.2　无人机纵向阻尼器半物理仿真验证

5.2.1　实验内容

在任何的飞机控制律设计中,首先都需要进行 MATLAB 数字仿真,数字仿真后需要进行半物理仿真实验。半物理仿真相比 MATLAB 数字仿真更加接近真实,更具有实时性,更能说明无人机在实际运行过程中的问题。

前文已经进行了纵向阻尼器的数字仿真,本节实验将进行半物理仿真,观察半物理仿真状态响应曲线,与数字仿真的状态响应曲线进行对比。

5.2.2　实验仪器

综合控制与显示计算机、飞行仿真视景子系统、飞行仿真实时计算机、DreamBuilder - 01 飞控板、F - 16 缩比模型

5.2.3　实验步骤

注意:相同的实验步骤(硬件与软件的启动与初始化)仅在本次实验中详细说明,后面的半物理仿真验证实验中相同的步骤可参考本实验。

(1)启动飞行仿真实时计算机(研华科技 610L),启动成功后屏幕左下角显示如图 5 - 9 所示,说明已经打开了 MATLAB 2015b 的 xPC 实时系统。

启动综合控制与显示计算机（惠普 PC 机），进入 Windows 10 操作系统，双击桌面飞行控制教学实验系统快捷方式（见图 5-10），即可启动飞行仿真视景子系统。

图 5-9 飞行仿真实时计算机启动成功后界面显示图　　图 5-10 飞行控制教学实验系统快捷方式图

（2）DreamBuilder-01 飞控板上电（见图 5-11）：使用电源转换模块连接电池与飞控转接板。

图 5-11 DreamBuilder-01 飞控板上电图

打开本节实验工程目录 USER 下的 TEST.uvprojx 文件，按照数字仿真结果，修改 test.c 中纵向阻尼器控制律参数，也可保持默认值进行实验（注：PID 参数不宜过大）。

保存 、编译 、下载 程序至飞控板。

（3）在飞行仿真视景子系统界面中下方的 MATLAB Command 文本框中输入"F-16"（注意是大写 F），如图 5-12 所示。

回车确认命令，当 MATLAB Command 窗口显示如图 5-13 所示时，说明已经把 F-16 的 MATLAB 模型下载到了飞行仿真实时计算机中。

（4）点击初始化界面左上方"VP 启动"，即可呈现视景。

（5）在初始化界面下方 MATLAB Command 文本框中输入"+tg"（小写）后回车，即可启动半物理实时仿真。

（6）在初始化界面左侧选择人工操纵模式中的阻尼增稳模块，在升降舵传动比梯度文本框内输入指令,点击"指令上传",观察初始化界面及飞行仿真实时计算机上的状态响应曲线、视景上飞机的飞行状态。

(7)飞行仿真实时计算机每 100 s 更新一次曲线,等屏幕上出现曲线后,在 MATLAB Command 文本框中输入"xpctarget spy",如图 5 - 14 所示。

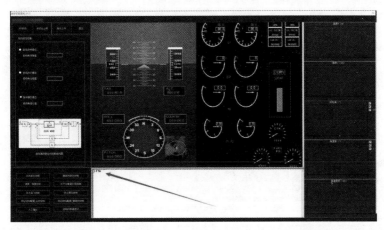

图 5 - 12　飞行仿真视景子系统界面启动图

图 5 - 13　MATLAB Command 窗口显示图

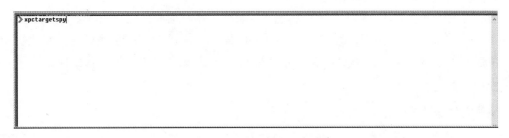

图 5 - 14　MATLAB Command 文本框中输入"xpctarget spy"

回车确认命令后得到飞行仿真实时计算机中曲线的截图,然后可使用 Windows 10 自带的截图工具(按 Windows 键后选择截图工具打开软件)保存截图。

(8)在 MATLAB Command 文本框中输入"-tg"后回车,即可结束半物理仿真。

(9)点击飞行仿真视景子系统界面中退出按钮,确认退出。飞控板下电(断开电源转换模块与电池的连接),关闭飞行仿真实时计算机,关闭综合控制与显示计算机。

(10)将半物理仿真状态响应曲线与数字仿真的状态响应曲线进行对比,撰写实验报告。

5.3 无人机横侧向阻尼器设计与数字仿真验证

5.3.1 简介

本实验以某无人机典型配平状态下的横侧向线性模型为实验对象,分别设计滚转阻尼器和偏航阻尼器,并进行数字仿真验证,理解阻尼参数对无人机滚转运动以及偏航运动的影响,并进行非线性仿真验证。

5.3.2 实验目的

学习并掌握无人机滚转阻尼器、偏航阻尼器设计方法,通过改变阻尼器参数的数值研究无人机滚转、偏航运动的变化趋势,结合数字仿真验证阻尼器的作用,并利用 6DOF 对所设计的阻尼器进行非线性仿真验证。

5.3.3 实验原理

随着飞行包线的扩大,无人机自身的阻尼下降,无人机在飞行时角速度会出现强烈振荡;此外,在无人机飞行员操纵无人机过程中,若用力过猛,会产生纵向短周期的振荡。因此,为了便于操纵飞机,有必要增加阻尼器。

阻尼器以无人机角运动作为反馈信号,稳定无人机的角速率,增大无人机运动的阻尼,抑制振荡。

1. 滚转阻尼器

滚转阻尼器的控制律为

$$\delta_a = K_p p \tag{5-2}$$

式中,δ_a 为副翼舵偏角;K_p 为比例系数。

当飞机滚转角速率大于 $0(p>0)$ 时,引入滚转角速率反馈能使飞机的副翼正向偏转($\delta_a>0$),从而产生负的滚转力矩$[M(\delta_a)<0]$,飞机负向滚转,这样就抑制了滚转角的增大。引入滚转角速率 p 反馈可以增大飞机的滚转运动的阻尼,从而提升飞机的横向稳定性。

2. 偏航阻尼器

偏航阻尼器的控制律为

$$\delta_r = K_r r \tag{5-3}$$

式中,δ_r 为方向舵偏角;K_r 为比例系数。

当飞机偏航角速率大于 $0(r>0)$ 时,引入偏航角速率反馈能使飞机的方向舵正向偏转($\delta_r>0$),从而产生负的偏航力矩$[M(\delta_r)<0]$,飞机负向偏航,这样就抑制了偏航角的增大。引入偏航角速率 r 反馈可以增大飞机的偏航运动的阻尼,从而提升飞机的航向稳定性。

5.3.4 实验仪器

综合控制与显示计算机、MATLAB 仿真软件。

5.3.5　实验内容与步骤

1. 实验内容

在横侧向线性化模型的基础上,为系统设计阻尼器,分别给滚转角速率、偏航角速率一个 $5°/s$ 的初始扰动,观察在有无阻尼器时的角速率响应曲线,理解阻尼器的作用。进而在非线性模型中设计阻尼器。

2. 仿真模型(见图 5 - 15 和图 5 - 16)

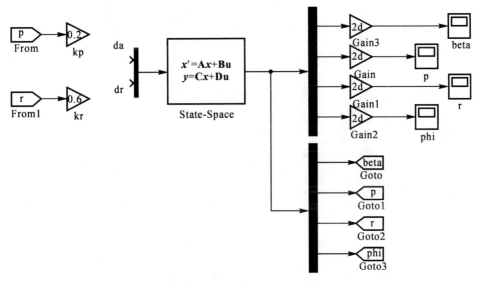

图 5 - 15　线性横侧向阻尼器模型

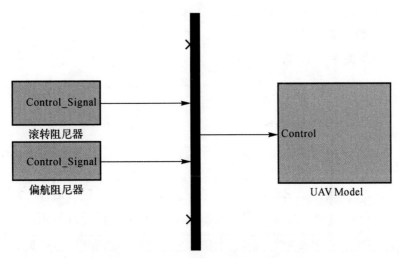

图 5 - 16　非线性横侧向阻尼器模型

3. 实验步骤

(1)启动 MATLAB 软件,以之前实验无人机典型配平状态下的横侧向线性模型为基础,按照式(5-2)和式(5-3),进行无人机滚转阻尼器和偏航阻尼器的设计。

(2)修改横侧向线性模型参数,在 Initial conditions 处参照如下格式添加俯仰角速率扰动,状态变量从左到右依次是侧滑角、滚转角速率、偏航角速率、滚转角,如图5-17所示,注意,角度和角速度均为弧度制。

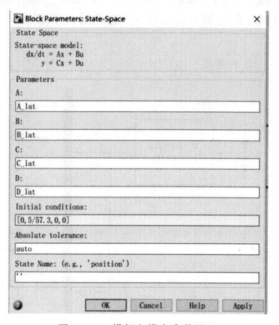

图 5-17　横侧向模态参数设置

(3)通过改变阻尼器参数 K_p, K_r 的数值,研究无人机滚转运动和偏航运动的变化趋势。

(4)结合仿真曲线,理解阻尼参数对无人机滚转运动以及偏航运动的影响。

(5)利用 6DOF 对所设计的阻尼器进行非线性仿真验证。

(6)记录仿真曲线、撰写实验报告。

4. 仿真结果(见图5-18~图5-25)

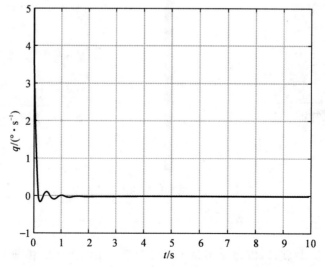

图 5-18　线性无滚转阻尼器时响应曲线

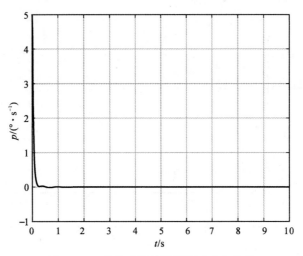

图 5-19　线性有滚转阻尼器时响应曲线

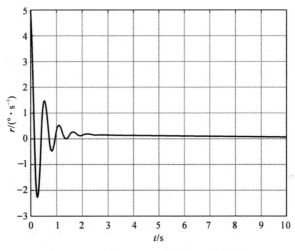

图 5-20　线性无偏航阻尼器时响应曲线

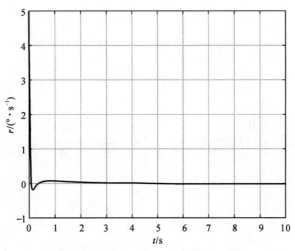

图 5-21　线性有偏航阻尼器时响应曲线

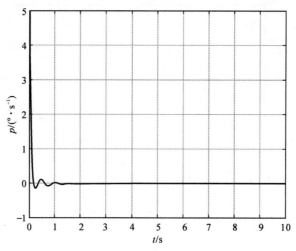

图 5-22 非线性无滚转阻尼器时响应曲线

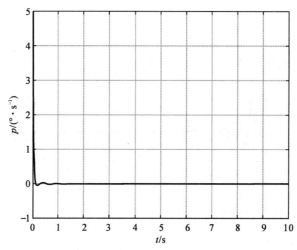

图 5-23 非线性有滚转阻尼器时响应曲线

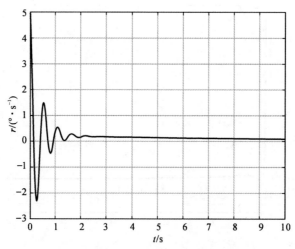

图 5-24 非线性无偏航阻尼器时响应曲线

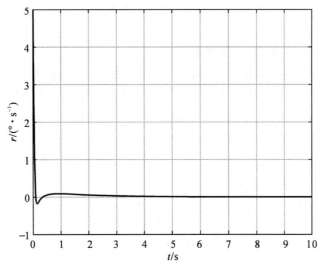

图 5-25　非线性有偏航阻尼器时响应曲线

5.3.6　思考题

螺旋桨飞机发动机在工作时会产生较大的振动,导致无人机传感器采集的角速率噪声明显增大,此时阻尼器参数在设计时需要注意什么?

5.4　无人机横侧向阻尼器半物理仿真验证

5.4.1　实验内容

在任何飞机控制律设计中,首先都需要进行 MATLAB 数字仿真,数字仿真后需要进行半物理仿真实验。半物理仿真相比 MATLAB 数字仿真更加接近真实,更具有实时性,更能说明在实际运行过程中的问题。

前文已经进行了横侧向阻尼器的数字仿真,本实验我们将进行半物理仿真,观察半物理仿真状态响应曲线,并与数字仿真的状态响应曲线进行对比。

5.4.2　实验仪器

综合控制与显示计算机、飞行仿真视景子系统、飞行仿真实时计算机、DreamBuilder - 01 飞控板、F - 16 缩比模型。

5.4.3　实验步骤

(1)启动飞行仿真实时计算机(研华科技 610L)和综合控制与显示计算机(惠普 PC 机),进入 Windows 10 操作系统,双击桌面飞行控制教学实验系统快捷方式,即可启动飞行仿真视景子系统。

(2)DreamBuilder - 01 飞控板上电,然后打开本节实验工程目录 USER 下的 TEST.

uvprojx 文件,按照数字仿真结果,修改 test.c 中横侧向阻尼器控制律参数,也可保持默认值进行实验(注:PID 参数不宜过大)。

保存 ![保存图标]、编译 ![编译图标]、下载 ![下载LOAD图标]程序至飞控板。

(3)在 MATLAB Command 文本框中输入"F16"后回车确认命令。

(4)完成上述步骤后,点击初始化界面左上方"VP 启动",即可呈现视景。

(5)在 MATLAB Command 文本框中输入"+tg"(小写),即可启动半物理实时仿真。

(6)在初始化界面左侧选择人工操纵模态中的阻尼增稳模块,在副翼传动比梯度值、方向舵传动比梯度值的文本框内输入指令,点击"指令上传",观察初始化界面及飞行仿真实时计算机上的状态响应曲线、视景上飞机的飞行状态。

(7)飞行仿真实时计算机每 100 s 更新一次曲线,等屏幕上出现曲线后,在 MATLAB Command 文本框中输入"xpctarget spy"回车确认命令后得到飞行仿真实时计算机中曲线的截图,然后可使用 Windows 10 自带的截图工具(按 Windows 键后选择截图工具打开软件)保存截图。

(8)在 MATLAB Command 文本框中输入"-tg"后回车,即可结束半物理仿真。

(9)点击飞行仿真视景子系统界面中退出按钮,确认退出。飞控板下电(断开电源转换模块与电池的连接),关闭飞行仿真实时计算机,关闭综合控制与显示计算机。

(10)将半物理仿真状态响应曲线与数字仿真的状态响应曲线进行对比,并撰写实验报告。

第6章 无人机姿态控制律设计与验证实验

实验部分利用 F-16 无人机在典型飞行状态下的纵向、横侧向气动数据,结合飞行力学、飞行控制系统等理论基础,本章主要做了如下几方面的数字仿真实验:

(1)以典型配平状态下的非线性飞机模型为实验对象,设计无人机俯仰角稳定与控制的控制律,并进行数字仿真验证;

(2)以典型配平状态下的非线性飞机模型为实验对象,设计无人机滚转角和偏航角稳定与控制的控制律,并进行数字仿真验证。

在本章节中,还主要做了以下几方面的半物理仿真实验:

(1)在飞行仿真视景子系统的初始化界面内,选择纵向控制模态,进行无人机俯仰角稳定与控制的控制律的半物理仿真验证。

(2)在飞行仿真视景子系统的初始化界面内,选择横侧向控制模态,进行无人机滚转角和偏航角稳定与控制的控制律的半物理仿真验证。

6.1 无人机自动驾驶仪纵向姿态控制律设计与数字仿真验证

6.1.1 简介

本实验以某无人机典型配平状态下的非线性模型为实验对象,设计无人机俯仰角稳定与控制的控制律,并进行数字仿真验证,理解控制律参数对无人机俯仰运动的影响。

6.1.2 实验目的

学习并掌握无人机俯仰角稳定与控制的控制律设计方法,通过改变控制律参数的数值,研究无人机俯仰运动的变化趋势,结合数字仿真验证控制律的作用,并利用 6DOF 对所设计的控制律进行非线性仿真验证。

6.1.3 实验原理

按照自动控制原理的思想,想要控制哪个物理量,就应该先测量它的值,然后按照一定的反馈规律调整它,使它达到期望的值。在飞行控制中,对于自动驾驶仪要想稳定与控制俯仰姿态,应先用陀螺仪测量俯仰轴的角度信号(θ),经调理(综合、放大)后,送入舵回路形成指令信号驱动舵面。

对于常规布局飞机,飞机俯仰轴角度与舵面对应关系为

$$\theta \rightarrow \delta_e \qquad (6-1)$$

无人机的姿态稳定与控制系统按照三轴角度可以分为俯仰角、滚转角和偏航角三种稳定与控制系统,本实验仅介绍俯仰角。

对于俯仰角的稳定与控制,采用比例式自动驾驶仪,其控制结构图如图 6-1 所示。

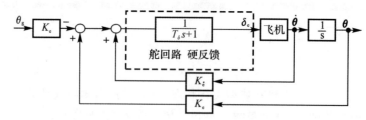

图 6-1 俯仰角的稳定与控制结构图

其控制律为

$$\delta_e = K_{\dot\theta}\dot\theta + K_\theta(\theta - \theta_g) \qquad (6-2)$$

式中,θ_g 为给定俯仰角。

6.1.4 实验仪器

综合控制与显示计算机、MATLAB 仿真软件。

6.1.5 实验内容与步骤

1. 实验内容

在线性模型下给定俯仰角 7°,通过调整控制律参数使得俯仰角的响应曲线能够满足稳准、快的要求,进而在非线性模型下进行仿真。

2. 仿真模型(见图 6-2)

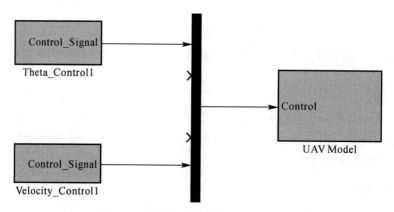

图 6-2 俯仰角的稳定与控制仿真模型

3. 实验步骤

(1)启动 MATLAB 软件,按照式(6-2)进行无人机俯仰角稳定与控制控制律的设计。

（2）将俯仰角的命令值给定 7°，通过改变各个控制律参数的数值，研究无人机俯仰运动的变化趋势。

（3）结合仿真曲线，理解在各个控制律中，控制律参数对无人机俯仰运动的影响。

（4）利用 6DOF 对所设计的俯仰控制律进行非线性仿真验证。

（5）记录仿真曲线、撰写实验报告。

4. 仿真结果（见图 6 - 3 和图 6 - 4）

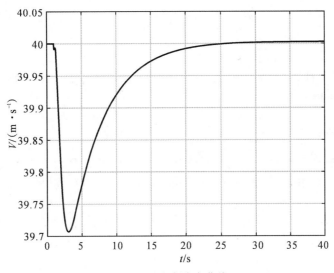

图 6 - 3　速度响应曲线

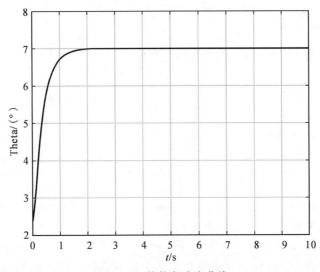

图 6 - 4　俯仰角响应曲线

6.1.6　思考题

为什么在控制俯仰角的时候要控制速度？

6.2 无人机自动驾驶仪纵向姿态控制系统半物理仿真验证

6.2.1 实验内容

在 6.1 节实验中已经进行了纵向姿态控制的数字仿真,本节实验将进行半物理仿真,观察半物理仿真状态响应曲线,并与数字仿真的状态响应曲线进行对比。

6.2.2 实验仪器

综合控制与显示计算机、飞行仿真视景子系统、飞行仿真实时计算机、DreamBuilder - 01 飞控板、F - 16 缩比模型。

6.2.3 实验步骤

(1)启动飞行仿真实时计算机(研华科技 610L),启动综合控制与显示计算机(惠普 PC 机),进入 Windows 10 操作系统,双击桌面飞行控制教学实验系统快捷方式,即可启动飞行仿真视景子系统。

(2)DreamBuilder - 01 飞控板上电,然后打开本节实验俯仰角保持与控制工程目录 USER 下的 TEST.uvprojx 文件,按照数字仿真结果,修改 test.c 中俯仰角控制律参数,也可保持默认值进行实验(注:PID 参数不宜过大)。保存、编译、下载程序至飞控板。

(3)在 MATLAB Command 文本框中输入"F16"后回车确认命令,当 MATLAB Command 窗口显示如图 6 - 5 所示内容时,说明已经把 F - 16 的 MATLAB 模型下载到了飞行仿真实时计算机中。

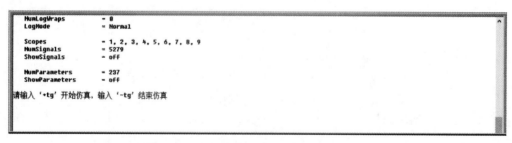

图 6 - 5 MATLAB Command 窗口显示运行图

(4)在完成上述步骤后,点击初始化界面左上方"VP 启动",即可呈现出视景。

(5)在 MATLAB Command 文本框中输入"＋tg"(小写),即可启动半物理实时仿真。

(6)在初始化界面左侧选择选择纵向姿态控制中的俯仰操纵模态,文本框内输入俯仰角指令,点击"指令上传",观察初始化界面及飞行仿真实时计算机上的状态响应曲线、视景上飞机的飞行状态。

(7)飞行仿真实时计算机每 100 s 更新一次曲线,等屏幕上出现曲线后,在 MATLAB Command 文本框中输入"xpctarget spy",回车确认命令后得到飞行仿真实时计算机中曲线的截图,然后可使用 Windows 10 自带的截图工具(按 Windows 键后选择截图工具打开软件)保存截图。

(8)在 MATLAB Command 文本框中输入"－tg"后回车,即可结束半物理仿真。

(9)点击飞行仿真视景子系统界面中退出按钮,确认退出。飞控板下电(断开电源转换模块与电池的连接),关闭飞行仿真实时计算机,关闭综合控制与显示计算机。

(10)将半物理仿真状态响应曲线与数字仿真的状态响应曲线进行对比,撰写实验报告。

6.2.4　实验结果

在如图 6-6 所示的界面中,选择俯仰操纵模态,文本框内输入俯仰角指令 20°并上传,可以在飞行仿真实时计算机界面上得到如图 6-7 所示的状态响应曲线,完成俯仰角控制。

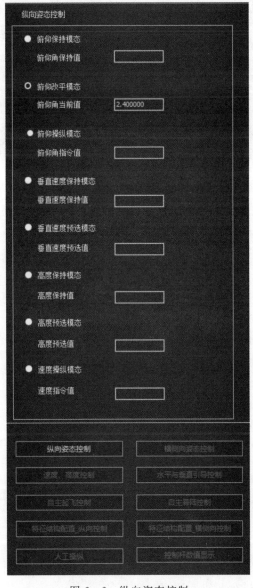

图 6-6　纵向姿态控制

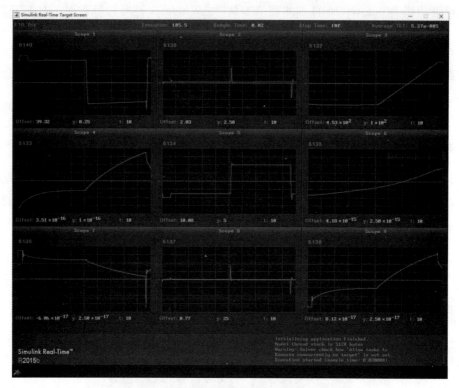

图 6 - 7　俯仰角控制半物理仿真实验结果

图 6 - 7 中, t 为 x 轴每格表示的值,表示仿真时间,仿真曲线更新周期为 100 s(注:仿真开始 1~100 s 内无曲线显示);y 为 y 轴每格表示的值,从左到右,从上到下依次为飞行速度、迎角、飞行高度、滚转角、俯仰角、偏航角、滚转角速率、俯仰角速率、偏航角速率;Offset 为图中白色基准线的值。

该半物理仿真实验中,俯仰角由配平值 2.4°阶跃到俯仰角指令 20°。

6.3　无人机自动驾驶仪横侧向姿态控制律设计与数字仿真验证

6.3.1　简介

本实验以某无人机典型配平状态下非线性模型为实验对象,分别设计无人机滚转角和偏航角稳定与控制的控制律,理解控制律参数对无人机滚转运动以及偏航运动的影响,并进行非线性仿真验证。

6.3.2　实验目的

学习并掌握无人机滚转角和偏航角稳定与控制的控制律设计方法,通过改变控制律参数的数值,研究无人机滚转与偏航运动的变化趋势,结合数字仿真验证控制律的作用,并利用6DOF 对所设计的控制律进行非线性仿真验证。

6.3.3　实验原理

在飞行控制中,自动驾驶仪要想稳定与控制滚转轴与偏航轴姿态,应先用陀螺仪测量两轴的角度信号(ϕ 和 ψ),经调理(综合、放大)后,送入舵回路形成指令信号驱动舵面。

对于常规布局飞机,飞机滚转轴、偏航轴角度与舵面对应关系为

$$\left.\begin{array}{l}\phi \rightarrow \delta_a \\ \psi \rightarrow \delta_r\end{array}\right\} \tag{6-3}$$

无人机的姿态稳定与控制系统按照三轴角度可以分为俯仰角、滚转角和偏航角三种稳定与控制系统,本实验介绍滚转角和偏航角。

1. 滚转角稳定与控制

对于滚转角的稳定与控制,通过引入滚转角和滚转角速率反馈,使用副翼稳定和控制滚转角,同时引入偏航角反馈,使用方向舵稳定航向,其控制结构图如图 6-8 所示。

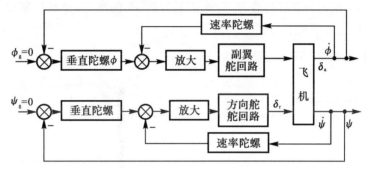

图 6-8　滚转角的稳定与控制结构图

其控制律为

$$\left.\begin{array}{l}\delta_a = K_\phi \phi + K_{\dot\phi} \dot\phi \\ \delta_r = K_\psi (\psi - \psi_g) + K_{\dot\psi} \dot\psi\end{array}\right\} \tag{6-4}$$

2. 偏航角稳定与控制

对于偏航角的稳定与控制,通过引入滚转角和滚转角速率反馈,使用副翼稳定和控制滚转角,同时引入偏航角反馈,使用方向舵稳定航向。另外,将航向偏差信号再送入副翼通道。其控制结构图如图 6-9 所示。

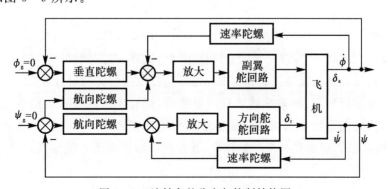

图 6-9　滚转角的稳定与控制结构图

其控制律为

$$\left.\begin{array}{l} \delta_a = K_\phi \phi + K_{\dot\phi} \dot\phi + K_{\psi a}(\psi - \psi_g) \\ \delta_r = K_\psi (\psi - \psi_g) + K_{\dot\psi} \dot\psi \end{array}\right\} \qquad (6-5)$$

6.3.4 实验仪器

综合控制与显示计算机、MATLAB 仿真软件。

6.3.5 实验内容与步骤

1. 实验内容

滚转角控制:在配平的非线性模型下,给定滚转角 5°的指令,调整控制律参数,使得滚转角能够达到期望响应。

偏航角控制:在配平的非线性模型下,给定偏航角 10°的指令,调整控制律参数,使得偏航角的响应曲线能够达到期望响应。

2. 仿真模型(见图 6-10)

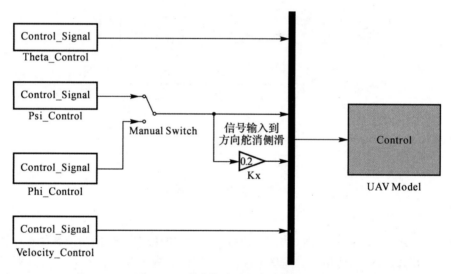

图 6-10 横侧向姿态控制仿真模型

3. 实验步骤

(1)启动 MATLAB 软件,以配平的非线性模型为基础,按照式(6-4)和式(6-5)所示控制律,进行无人机滚转角稳定与控制和偏航角稳定与控制控制律的设计。

(2)首先给定滚转角 5°,调整滚转运动的参数值,研究无人机滚转运动变化趋势;滚转通道调整好之后,给定偏航角 10°,调整偏航通道的参数值,研究无人机偏航运动变化趋势。

(3)结合仿真曲线,理解在各个控制律中,其控制律参数对无人机滚转运动以及偏航运动的影响。

（4）利用 6DOF 对所设计的两种控制律进行非线性仿真验证。

（5）记录仿真曲线、撰写实验报告。

4. 仿真结果（见图 6 - 11 和图 6 - 12）

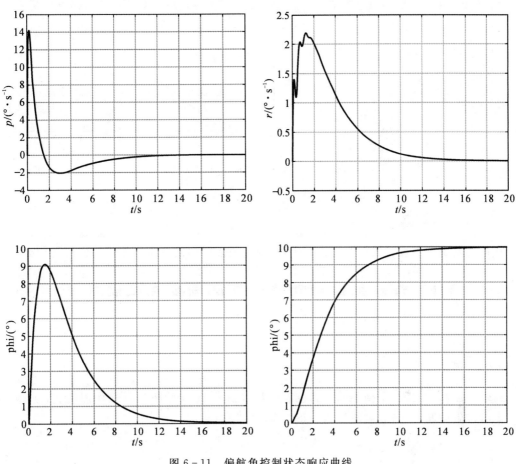

图 6 - 11　偏航角控制状态响应曲线

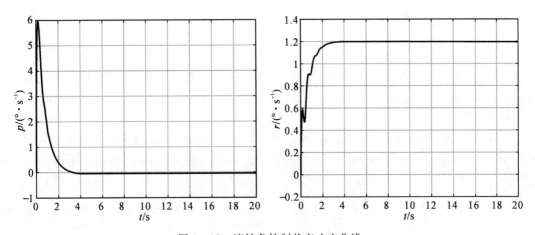

图 6 - 12　滚转角控制状态响应曲线

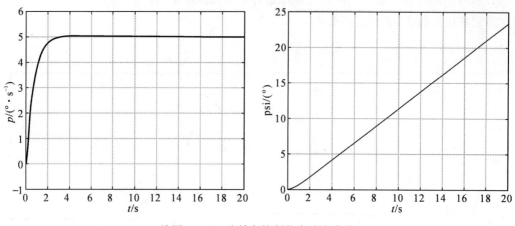

续图 6-12　滚转角控制状态响应曲线

6.3.6　思考题

在偏航角稳定与控制的控制律设计中,将航向偏差信号送入副翼通道的作用是什么?

6.4　无人机自动驾驶仪横侧向姿态控制系统半物理实时仿真验证

6.4.1　实验内容

6.3 节实验已经进行了横侧向姿态控制的数字仿真,本实验将进行半物理仿真,观察半物理仿真状态响应曲线,与数字仿真的状态响应曲线进行对比。

6.4.2　实验仪器

综合控制与显示计算机、飞行仿真视景子系统、飞行仿真实时计算机、DreamBuilder-01飞控板、F-16 缩比模型。

6.4.3　实验步骤

(1)启动飞行仿真实时计算机(研华科技 610L),启动综合控制与显示计算机(惠普 PC机),进入 Windows 10 操作系统,双击桌面飞行控制教学实验系统快捷方式,即可启动飞行仿真视景子系统。

(2)DreamBuilder-01 飞控板上电,然后打开本节实验滚转角保持与控制工程目录 USER下的 TEST.uvprojx 文件,按照数字仿真结果,修改 test.c 中滚转角控制律参数,也可保持默认值进行实验(注:PID 参数不宜过大)。保存 📄、编译 🔨、下载 🔽 程序至飞控板。

(3)在 MATLAB Command 文本框中输入"F16"后回车确认命令,当 MATLABCommand 窗口显示如图 6-13 所示内容时,说明已经把 F-16 的 MATLAB 模型下载到了飞行仿真实时计算机中。

（4）在完成上述步骤后，点击初始化界面左上方"VP 启动"，即可呈现出视景。

```
NumLogWraps      = 0
LogMode          = Normal

Scopes           = 1, 2, 3, 4, 5, 6, 7, 8, 9
NumSignals       = 5279
ShowSignals      = off

NumParameters    = 237
ShowParameters   = off

请输入 '+tg' 开始仿真，输入 '-tg' 结束仿真
```

图 6-13　MATLAB Command 窗口显示图

（5）在初始化界面下方 MATLAB Command 文本框中输入"＋tg"（小写），即可启动半物理实时仿真。

（6）在初始化界面左侧选择横侧向姿态控制中的滚转操纵模态，文本框内输入滚转角指令，点击"指令上传"，观察初始化界面及飞行仿真实时计算机上的状态响应曲线、视景上飞机的飞行状态。

（7）飞行仿真实时计算机每 100 s 更新一次曲线，等屏幕上出现曲线后，在 MATLAB Command 文本框中输入"xpctarget spy"回车确认命令后得到飞行仿真实时计算机中曲线的截图，然后可使用 Windows 10 自带的截图工具（按 Windows 键后选择截图工具打开软件）保存截图。

（8）在 MATLAB Command 文本框中输入"－tg"后回车，结束横侧向滚转操纵半物理仿真。

（9）打开本节实验偏航角保持与控制工程目录 USER 下的 TEST.uvprojx 文件，按照数字仿真结果，修改 test.c 中偏航角控制律参数，也可保持默认值进行实验（注：PID 参数不宜过大）。

保存 ■，编译 ■，并下载 ■ 程序至飞控板。

（10）在初始化界面下方 MATLAB Command 文本框中输入"＋tg"（小写），即可启动半物理实时仿真。

（11）在初始化界面左侧选择横侧向姿态控制中的偏航操纵模态，文本框内输入偏航角指令，点击"指令上传"，观察初始化界面及飞行仿真实时计算机上的状态响应曲线、视景上飞机的飞行状态。

（12）飞行仿真实时计算机每 100 s 更新一次曲线，等屏幕上出现曲线后，在 MATLAB Command 文本框中输入"xpctargetspy"回车确认命令后得到飞行仿真实时计算机中曲线的截图，然后可使用 Windows 10 自带的截图工具（按 Windows 键后选择截图工具打开软件）保存截图。

（13）在 MATLAB Command 文本框中输入"－tg"后回车，即可结束半物理仿真。

（14）点击飞行仿真视景子系统界面中退出按钮，确认退出。飞控板下电（断开电源转换模块与电池的连接），关闭飞行仿真实时计算机，关闭综合控制与显示计算机。

（15）将半物理仿真状态响应曲线与数字仿真的状态响应曲线进行对比，撰写实验报告。

6.4.4 实验结果

1. 滚转角操纵

在图 6-14 所示的界面中，选择滚转操纵模态，文本框内输入滚转角指令 20°并上传，可以在飞行仿真实时计算机界面上得到如图 6-15 所示的状态响应曲线，完成滚转角控制。

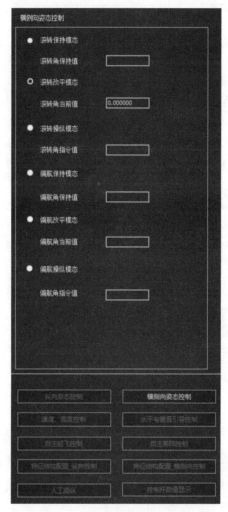

图 6-14　横侧向姿态控制

2. 偏航角操纵

在图 6-14 所示的界面中，选择偏航操纵模态，文本框内输入偏航角指令 50°并上传，可以在飞行仿真实时计算机界面上得到如图 6-16 所示的状态响应曲线，完成偏航角控制。

在图 6-15 和图 6-16 中，t 为 x 轴每格表示的值，表征仿真时间，仿真曲线更新周期为 100 s（注：仿真开始 1～100 s 内无曲线显示）；y 为 y 轴每格表示的值，从左到右，从上到下依次为飞行速度、迎角、飞行高度、滚转角、俯仰角、偏航角、滚转角速率、俯仰角速率、偏航角速率；Offset 为图中白色基准线的值。

在该半物理仿真实验中,滚转角阶跃到滚转角指令 $20°$,偏航角阶跃到偏航角指令 $50°$。

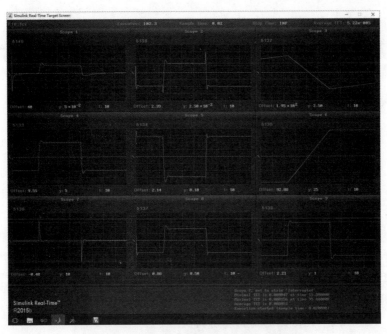

图 6-15　滚转角控制半物理仿真实验结果

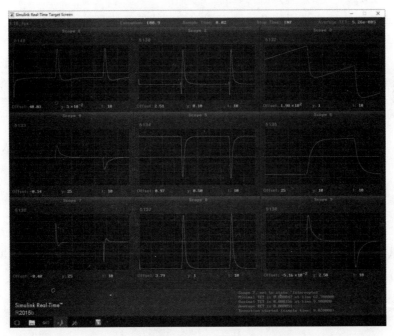

图 6-16　偏航角控制半物理仿真实验结果

第7章 无人机飞行引导控制律设计与验证实验

实验部分利用 F16 无人机在典型飞行状态下的纵向、横侧向气动数据,结合飞行力学、飞行控制系统等理论基础,本章主要做了如下几方面的数字仿真实验:

(1)以典型配平状态下的非线性飞机模型为实验对象,分别设计无人机的速度、高度稳定与控制的控制律,并进行数字仿真验证。

(2)以典型配平状态下的非线性飞机模型为实验对象,分别设计无人机水平引导及垂直引导的控制律,并进行数字仿真验证。

本章还主要做了以下几方面的半物理仿真实验:

(1)在飞行仿真视景子系统的初始化界面内,选择纵向控制模态,分别进行无人机的速度、高度稳定与控制的控制律的半物理仿真验证。

(2)分别进行无人机水平引导及垂直引导的控制律的半物理仿真验证。

7.1 无人机速度、高度控制律设计与数字仿真验证

7.1.1 简介

本实验以某无人机典型配平状态下的非线性模型为实验对象,分别设计无人机速度、高度保持与控制的控制律,并进行数字仿真验证。

7.1.2 实验目的

学习并掌握无人机速度、高度保持与控制的控制律设计方法,通过改变控制律参数的大小研究无人机纵向运动的变化趋势,结合数字仿真验证控制律的作用,并利用 6DOF 对所设计的控制律进行非线性仿真验证。

7.1.3 实验原理

1.速度的保持与控制

飞机纵向运动的控制量一般有两个,即升降舵和油门杆。升降舵的偏转可使俯仰角和空速发生显著变化。而油门杆的变化可使俯仰角和航迹倾角发生显著变化,而空速变化不大。如果升降舵和油门杆同时变化,则可使俯仰角与空速均发生显著变化。

自动油门系统就是通过控制油门的大小,改变发动机推力从而实现控制速度的目的。自动驾驶仪有两种工作方式,一种是工作在高度 h 稳定状态,另一种是工作在俯仰姿态 θ 稳定状态。

自动驾驶仪有两种不同方式的工作状态,使得这两种控制速度的方案存在差异。

(1)高度保持状态。如果自动驾驶仪工作在高度保持状态,空速向量处于水平方向,则重力在切向上的投影为零。如果增加油门,则发动机推力将全部反映在增加空速上。控制律如下:

$$
\left.
\begin{aligned}
\Delta \delta_e &= K_\theta \theta + K_q q + K_h(h - h_g) + K_{\dot h} \Delta \dot h + K_{ih} \int (h - h_g) \mathrm{d}t \\
\Delta T &= K_V(V_g - V) + K_{iV} \int (V_g - V) \mathrm{d}t
\end{aligned}
\right\}
\tag{7-1}
$$

(2)俯仰角保持状态。如果自动驾驶仪工作在俯仰角保持状态,则控制油门产生的发动机推力的变化只有一部分反映在空速中。因为当进行无滚转角飞行时,俯仰角与迎角 $\Delta \alpha$ 和航迹倾斜角 $\Delta \mu$ 满足关系式 $\Delta \theta = \Delta \mu + \Delta \alpha$,所以除反映在空速变化中的发动机推力之外,其余部分的发动机推力只引起了迎角 $\Delta \alpha$ 和航迹倾斜角 $\Delta \mu$ 和高度的变化。控制律如下:

$$
\left.
\begin{aligned}
\Delta \delta_e &= K_\theta(\theta - \theta_g) + K_{i\theta} \int (\theta - \theta_g) \mathrm{d}t + K_q q \\
\Delta T &= K_V(V_g - V) + K_{iV} \int (V_g - V) \mathrm{d}t
\end{aligned}
\right\}
\tag{7-2}
$$

2. 高度的保持与控制

该控制律主要是在俯仰角 θ 稳定回路的基础上构成的,为了避免在给定高度 h_g 上下出现振荡,应当引入高度差的一阶微分信号 $\Delta \delta_e$,以改善高度稳定系统的阻尼特性:

$$
\Delta \delta_e = K_\theta \theta + K_q q + K_h(h - h_g) + K_{\dot h} \Delta \dot h + K_{ih} \int (h - h_g) \mathrm{d}t
\tag{7-3}
$$

7.1.4　实验仪器

综合控制与显示计算机、MATLAB 仿真软件。

7.1.5　实验内容与步骤

1. 实验内容

给定飞行速度 36 m/s,在非线性模型下进行仿真,通过调整控制律参数使得速度的响应曲线能够满足要求。给定高度 300 m,在非线性模型下进行仿真,通过调整控制律参数使得高度的响应曲线能够满足要求。

2. 仿真模型(见图 7-1)

3. 实验步骤

(1)启动 MATLAB 软件,以非线性模型为基础,按照式(7-1)~式(7-3),进行无人机速度、高度保持与控制控制律的设计。

(2)通过改变各个控制律参数的数值研究无人机纵向运动的变化趋势。

（3）结合仿真曲线，理解在各个控制律中，其控制律参数对无人机纵向运动状态的影响。

（4）利用 6DOF 对所设计的两种控制律进行非线性仿真验证。

（5）记录仿真曲线、撰写实验报告。

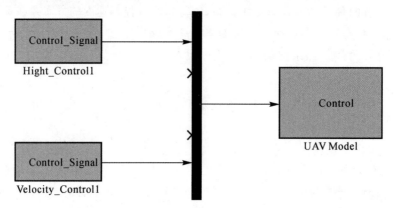

图 7-1　速度、高度保持与控制仿真模型

4. 仿真结果（见图 7-2 和图 7-3）

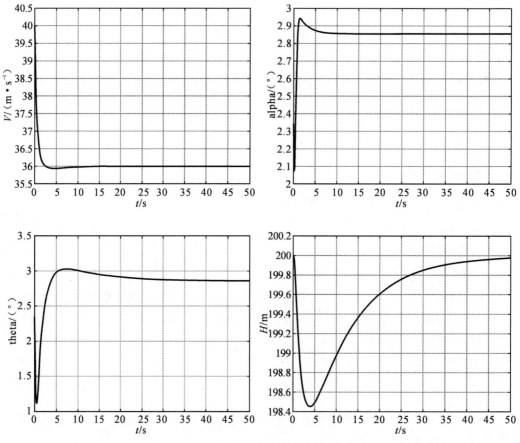

图 7-2　速度控制（高度保持）状态响应曲线

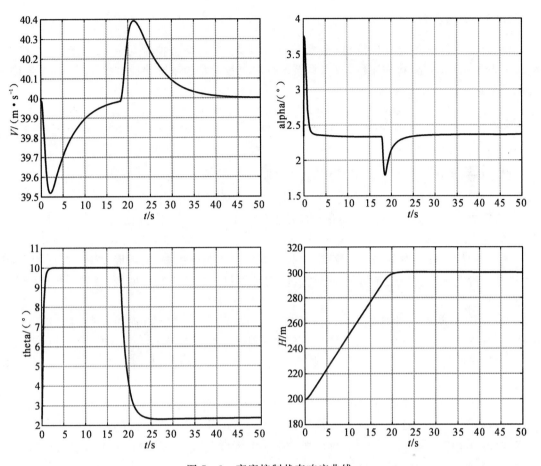

图 7 - 3　高度控制状态响应曲线

7.1.6　思考题

只改变升降舵或者油门杆,观察飞机的速度变化,并分析原因。

7.2　无人机速度、高度控制系统半物理仿真验证

7.2.1　实验内容

7.1 节实验已经进行了速度、高度的控制数字仿真,本实验将进行半物理仿真,观察半物理仿真状态响应曲线,与数字仿真的状态响应曲线进行对比。

7.2.2　实验仪器

综合控制与显示计算机、飞行仿真视景子系统、飞行仿真实时计算机、DreamBuilder - 01 飞控板、F - 16 缩比模型。

7.2.3 实验步骤

(1)启动飞行仿真实时计算机(研华科技 610L),启动综合控制与显示计算机(惠普 PC 机),进入 Windows 10 操作系统,双击桌面飞行控制教学实验系统快捷方式,即可启动飞行仿真视景子系统;

(2)DreamBuilder－01 飞控板上电,然后打开本节实验高度保持与控制工程目录 USER 下的 TEST.uvprojx 文件,按照数字仿真结果,修改 test.c 中高度控制律参数,也可保持默认值进行实验(注:PID 参数不宜过大)。

保存 🖫 ,编译 🖩 ,并下载 🎁 程序至飞控板。

(3)在 MATLAB Command 文本框中输入"F16"后回车确认命令。

(4)完成上述步骤后,点击初始化界面左上方"VP 启动",即可呈现出视景。

(5)在 MATLAB Command 文本框中输入"＋tg"(小写),即可启动半物理实时仿真。

(6)在初始化界面左侧选择速度、高度控制中的高度预选模态,文本框内输入高度指令,点击"指令上传",观察初始化界面及飞行仿真实时计算机上的状态响应曲线、视景上飞机的飞行状态。

(7)飞行仿真实时计算机每 100 s 更新一次曲线,等屏幕上出现曲线后,在 MATLAB Command 文本框中输入"xpctarget spy",回车确认命令后得到飞行仿真实时计算机中曲线的截图,然后可使用 Windows 10 自带的截图工具(按 Windows 键后选择截图工具打开软件)保存截图。

(8)在 MATLAB Command 文本框中输入"－tg"后回车,结束高度控制半物理仿真。

(9)打开实验十三速度控制工程目录 USER 下的 TEST.uvprojx 文件,按照数字仿真结果,修改 test.c 中速度控制律参数,也可保持默认值进行实验(注:PID 参数不宜过大)。

保存 🖫 ,编译 🖩 ,并下载 🎁 程序至飞控板。

(10)在 MATLAB Command 文本框中输入"＋tg"(小写),即可启动半物理实时仿真。

(11)在初始化界面左侧选择速度、高度控制中的速度操纵模态,文本框内输入速度指令,点击"指令上传",观察初始化界面及飞行仿真实时计算机上的状态响应曲线、视景上飞机的飞行状态。

(12)飞行仿真实时计算机每 100 s 更新一次曲线,等屏幕上出现曲线后,在 MATLAB Command 文本框中输入"xpctarget spy",回车确认命令后得到飞行仿真实时计算机中曲线的截图,然后可使用 Windows 10 自带的截图工具(按 Windows 键后选择截图工具打开软件)保存截图。

(13)在 MATLAB Command 文本框中输入"－tg"后回车,即可结束半物理仿真。

(14)点击飞行仿真视景子系统界面中退出按钮,确认退出。飞控板下电(断开电源转换模块与电池的连接),关闭飞行仿真实时计算机,关闭综合控制与显示计算机。

(15)将半物理仿真状态响应曲线与数字仿真的状态响应曲线进行对比,撰写实验报告。

7.2.4 实验结果

1. 速度操纵

在如图 7－4 所示的界面中,选择速度操纵模态,文本框内输入速度指令为 65 m/s 并上传,可以在飞行仿真实时计算机界面上得到如图 7-5 所示的状态响应曲线,完成速度控制。

图 7-4　速度、高度控制

2. 高度预选

在如图 7-4 所示的界面中,选择高度预选模态,文本框内输入高度指令为 200 m 并上传,可以在飞行仿真实时计算机界面上得到如图 7-6 所示的状态响应曲线,完成高度控制。

在图 7-5 和图 7-6 中,t 为 x 轴每格表示的值,表征仿真时间,仿真曲线更新周期为 100 s(注:仿真开始 1~100 s 内无曲线显示);y 为 y 轴每格表示的值,从左到右、从上到下依次为飞行速度、迎角、飞行高度、滚转角、俯仰角、偏航角、滚转角速率、俯仰角速率、偏航角速率;Offset 为图中白色基准线的值。

在本半物理仿真实验中,速度由 20 m/s 阶跃到速度指令 65 m/s,高度由 100 m 阶跃到高度指令 200 m。

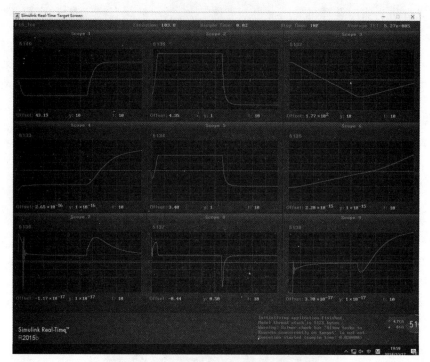

图 7 - 5　速度控制半物理仿真实验结果

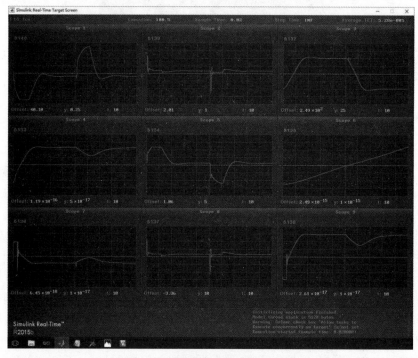

图 7 - 6　高度控制半物理仿真实验结果

7.3　无人机水平及垂直引导控制律设计与数字仿真验证

7.3.1　简介

本实验以某无人机典型配平状态下的线性模型为实验对象,分别进行无人机水平引导、垂直引导的控制律设计,并进行数字仿真验证,理解控制律参数对无人机巡航过程中状态的影响,并进行非线性仿真验证。

7.3.2　实验目的

学习并掌握无人机水平引导和垂直引导控制的控制律设计方法,通过改变控制律参数的数值,研究无人机巡航任务中状态的变化情况,结合数值仿真验证控制律的作用,并利用6DOF 对所设计的控制律进行非线性仿真验证。

7.3.3　实验原理

在无人机的巡航任务段,无人机按照预定的任务和地面站指令进行巡航飞行,主要分为水平引导和垂直引导两个过程。

1. 水平引导

水平引导过程,主要处理飞机的横航向的动作,如图 7-7 所示,需要使无人机跟踪水平航路点信息,完成水平引导过程。

图 7-7　无人机水平引导示意图

在设计水平引导的控制律之前,先要解决水平向轨迹的生成问题。首先需要用户上传航路点信息。在已知航路点的情况下,求出相邻两航段之间的夹角。在夹角大于 30°的情况下,飞机从前一航段进入下一航段的阶段用一段圆弧代替,在夹角小于 30°的情况下,不生成圆弧航段。两航段间过度的圆弧航段的最小半径可以根据飞机的最大滚转角所对应的运动半径得到。

在得到航路点信息后,可以生成飞机运动的目标航迹。运动航迹可以分成直线航段和圆弧航段两种情况,需要分别设计相应的控制律。

(1)对于直线航段,如果飞机的航迹与直线航段不重合,需要调整飞机滚转角将飞机修正到目标航段上。由航段信息以及飞机当前的位置和姿态得到飞机相对于航段的侧偏 E_Z(飞机当前位置与航段的垂直距离)和航迹方位角的偏差 $\Delta\chi$,根据这两个量可以求得滚转角,即:

$$\phi_g = K_{EZ}E_Z + K_{EZ}\int E_Z \mathrm{d}t + K_\chi \Delta\chi \tag{7-4}$$

需要注意的是,如果飞机在航段右边,需要负的滚转角;如果飞机在航段左边,则需要正的滚转角。因此,这里的 E_Z 是带符号的,符号可以由向量的叉乘结果确定。

(2) 对于圆弧航段,如果飞机航迹与圆弧航段不重合,同样需要调整飞机的滚转角,将飞机修正到目标航段上。圆弧航段目标滚转角的计算公式为

$$\phi'_g = \arctan \frac{V^2}{gR} \tag{7-5}$$

圆弧航段不仅需要考虑侧偏 E_Z 的符号问题,还需要考虑圆弧的圆心与航段的相对位置。如果圆心在圆弧航段左侧,则 φ'_g 应为负数;如果圆心在圆弧航段右侧,则 φ'_g 应为正数。因此在生成航段时,应加上一个标志位 $Flag$ 表示圆弧圆心与航段的相对位置。如果圆心在圆弧航段左侧,$Flag = -1$;如果圆心在圆弧航段右侧,$Flag = 1$。故可得到目标滚转角为

$$\phi_g = Flag \cdot \phi'_g \tag{7-6}$$

现在讨论圆弧航段的侧偏问题。如果飞机与圆心的距离 D 小于圆弧航段的半径 R,说明滚转角过大,需要减小的滚转角;如果飞机与圆心的距离 D 大于圆弧航段的半径 R,说明滚转角过小,需要增大滚转角。因此圆弧航段 E_Z 的计算公式为

$$E_Z = D - R \tag{7-7}$$

综上所述,圆弧航段的控制律为

$$\phi_g = Flag \cdot \left(\arctan \frac{V^2}{gR} + K_{EZ} E_Z \right) \tag{7-8}$$

针对不同航段得到的滚转角指令式,将其代入滚转角控制律中:

$$\Delta \delta_a = K_{\dot{\phi}} \dot{\phi} + K_\phi (\phi - \phi_g) \tag{7-9}$$

根据飞机的特性,合理选择控制律参数及过度圆弧半径,即可完成侧向航迹控制。

2. 垂直引导

在垂直引导过程中,无人机主要完成爬升、平飞和下滑动作,如图 7-8 所示。

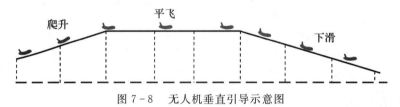

图 7-8　无人机垂直引导示意图

垂直引导过程主要分为以下三个阶段:

(1) 爬升阶段。无人机进入爬升阶段,根据给定的航路点信息,定俯仰角爬升至下一航路点,即可进入到下一平飞阶段,其爬升阶段控制律主要为

$$\Delta \delta_e = K_{\dot{\theta}} \dot{\theta} + K_\theta (\theta - \theta_{g1}) \tag{7-10}$$

(2) 平飞阶段。无人机进入平飞阶段,根据给定的高度信息,定高平飞至下一航路点,即可进入到下一下滑阶段,其平飞阶段控制律主要为

$$\left. \begin{aligned} \theta_g &= K_{Ph}(h_g - h) + K_{Ih} \int (h_g - h)\,dt + K_h \Delta \dot{h} \\ \Delta \delta_e &= K_{\dot{\theta}} \dot{\theta} + K_\theta (\theta_g - \theta) \end{aligned} \right\} \tag{7-11}$$

(3) 下滑阶段。无人机进入下滑阶段,根据给定的航路点信息,定俯仰角下滑至下一航路点,即可完成垂直引导控制,其下滑阶段控制律主要为

$$\Delta\delta_e = K_{\dot\theta}\dot\theta + K_\theta(\theta - \theta_{g2}) \tag{7-12}$$

7.3.4 实验仪器

综合控制与显示计算机、MATLAB 仿真软件。

7.3.5 实验内容与步骤

7.3.5.1 水平引导

1. 实验内容

在高度 200 m、速度 40 m/s 状态点处进行配平线性化,设置航路点为 $A(2\,000,0)$,$B(2\,800,0)$,$C(3\,200,400\sqrt{3})$,$D(2\,800,800\sqrt{3})$,$E(2\,000,800\sqrt{3})$,$F(1\,600,400\sqrt{3})$, 跟踪航路点可生成六边形水平引导航线。

根据水平引导控制律,上传航路点,搭建如图 7-9 的仿真模型,生成六边形水平引导航线,观察其响应曲线,理解水平引导过程中横侧向状态量的变换情况。

2. 仿真模型(见图 7-9)

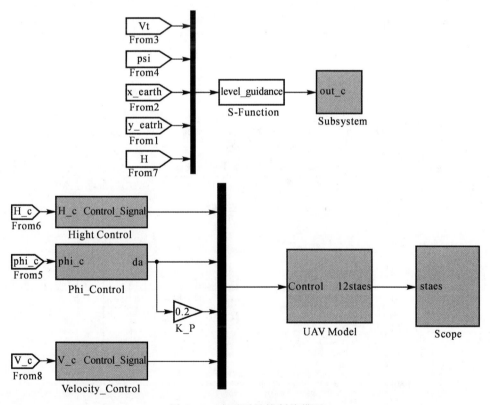

图 7-9 水平引导控制律模型

3. 实验步骤

(1)启动 MATLAB 软件,以之前实验无人机典型配平状态下的线性模型为基础,按照前文水平引导控制律的设计,进行水平引导控制。

（2）首先运行 initial.m 文件进行初始化,可以在 initial.m 文件中修改水平引导航路点信息,在模型中控制律参数的数值,研究无人机航迹和姿态的变换情况。

（3）结合仿真曲线,理解在水平引导控制中,其航路点信息和控制律参数对无人机横侧向运动的影响。

（4）利用 6DOF 对所设计的水平引导控制进行非线性仿真验证。

（5）记录仿真曲线、撰写实验报告。

4. 仿真结果（见图 7-10 和图 7-11）

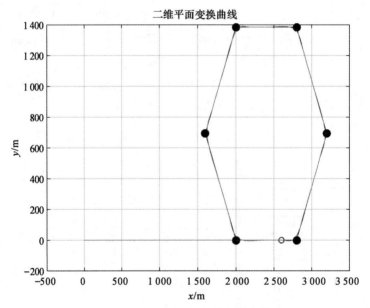

图 7-10　水平引导水平航迹变化曲线

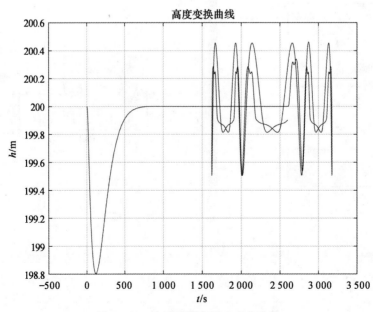

图 7-11　水平引导高度表变化曲线

7.3.5.2　垂直引导

1. 实验内容

在高度 50 m、速度 40 m/s 状态点处进行配平线性化，设置航路点高度信息为 $A(2\,000)$，$B(2\,800)$，$C(3\,500)$，跟踪航路点高度信息可完成垂直引导航线。

根据垂直引导控制律，上传航路点，搭建如图 7-12 所示仿真模型，生成垂直引导航线，观察其响应曲线，理解垂直引导过程中纵向状态量的变换情况。

2. 仿真模型（见图 7-12）

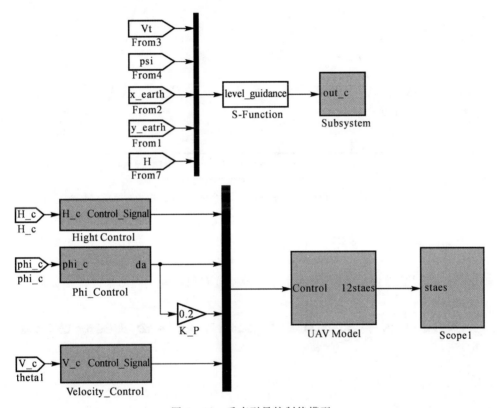

图 7-12　垂直引导控制律模型

3. 实验步骤

(1)启动 MATLAB 软件，以之前实验无人机典型配平状态下的线性模型为基础，按照垂直引导控制律的设计，进行垂直引导控制。

(2)首先运行 initial.m 文件进行初始化，在 initial.m 文件中改变垂直引导的航路点信息，通过改变航路点信息，在模型中修改控制律参数的数值，研究无人机航迹和姿态的变换情况。

(3)结合仿真曲线，理解在垂直引导控制中，其航路点信息和控制律参数对无人机纵向运动的影响。

(4)利用 6DOF 对所设计的垂直引导控制进行非线性仿真验证。

(5)记录仿真曲线、撰写实验报告。

4. 仿真结果(见图 7 - 13)

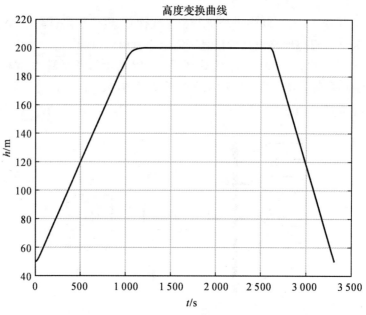

图 7 - 13　垂直引导高度变化曲线

7.3.6　思考题

转弯半径 R 设置得偏大或偏小,对水平引导航迹有何影响?对结果进行分析。

7.4　无人机水平及垂直引导控制系统半物理实时仿真验证

7.4.1　实验内容

在 7.3 节的实验中,进行了无人机水平及垂直引导控制律设计与数字仿真验证,本实验将进行半物理仿真,观察半物理仿真状态响应曲线,与数字仿真的状态响应曲线进行对比。

7.4.2　实验仪器

综合控制与显示计算机、飞行仿真视景子系统、飞行仿真实时计算机、DreamBuilder - 01 飞控板、F - 16 缩比模型。

7.4.3　实验步骤

(1)启动飞行仿真实时计算机(研华科技 610L),启动综合控制与显示计算机(惠普 PC 机),进入 Windows 10 操作系统,双击桌面飞行控制教学实验系统快捷方式,即可启动飞行仿真视景子系统。

（2）DreamBuilder-01 飞控板上电，然后打开本节实验水平引导工程目录 USER 下的 TEST.uvprojx 文件，保存 🖫，编译 🖩，并下载 🖳 程序至飞控板。

（3）在 MATLAB Command 文本框中输入"F16"后回车确认命令。

（4）完成上述步骤后，点击初始化界面左上方"VP 启动"，即可呈现出视景。

（5）在 MATLAB Command 文本框中输入"+tg"（小写），即可启动半物理实时仿真。

（6）观察左侧水平与垂直引导界面飞机各状态量的变化及飞行仿真实时计算机上的状态响应曲线、视景上飞机的飞行状态。

（7）飞行仿真实时计算机每 100 s 更新一次曲线，等屏幕上出现曲线后，在飞行仿真视景子系统界面中下方的 MATLAB Command 文本框中输入"xpctarget spy"回车确认命令后得到飞行仿真实时计算机中曲线的截图，然后可使用 Windows 10 自带的截图工具（按 Windows 键后选择截图工具打开软件）保存截图。

（8）在 MATLAB Command 文本框中输入"−tg"后回车，结束水平引导半物理仿真。

（9）打开本节实验垂直引导工程目录 USER 下的 TEST.uvprojx 文件，保存 🖫，编译 🖩，并下载 🖳 程序至飞控板。

（10）在 MATLAB Command 文本框中输入"+tg"（小写），即可启动半物理实时仿真。

（11）观察左侧水平与垂直引导界面飞机各状态量的变化及飞行仿真实时计算机上的状态响应曲线、视景上飞机的飞行状态。

（12）飞行仿真实时计算机每 100 s 更新一次曲线，等屏幕上出现曲线后，在 MATLAB Command 文本框中输入"xpctarget spy"回车确认命令后得到飞行仿真实时计算机中曲线的截图，然后可使用 Windows 10 自带的截图工具（按 Windows 键后选择截图工具打开软件）保存截图。

（13）在 MATLAB Command 文本框中输入"−tg"后回车，即可结束半物理仿真。

（14）点击飞行仿真视景子系统界面中退出按钮，确认退出。飞控板下电（断开电源转换模块与电池的连接），关闭飞行仿真实时计算机，关闭综合控制与显示计算机。

（15）将半物理仿真状态响应曲线与数字仿真的状态响应曲线进行对比，撰写实验报告。

7.4.4　实验结果

在如图 7-14 所示的界面中，选择水平与垂直引导控制，可以在飞行仿真实时计算机界面上得到如图 7-15 和图 7-16 所示的状态响应曲线，在图 7-14 所示的界面上方也可以实时观察状态的数值变化，完成水平引导和垂直引导。

在图 7-15 和图 7-16 中，t 为 x 轴每格表示的值，表征仿真时间，仿真曲线更新周期为 100 s（注：仿真开始 1~100 s 内无曲线显示）；y 为 y 轴每格表示的值，从左到右、从上到下依次为飞行速度、迎角、飞行高度、滚转角、俯仰角、偏航角、滚转角速率、俯仰角速率、偏航角速率；Offset 为图中白色基准线的值。

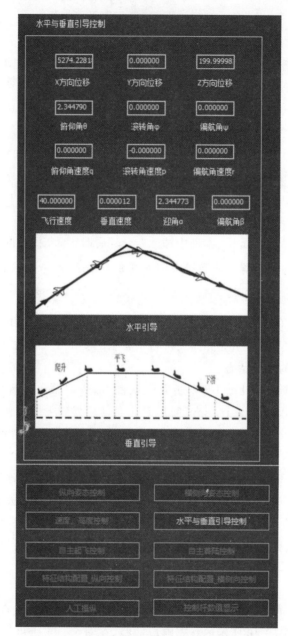

图 7-14　水平与垂直引导控制界面

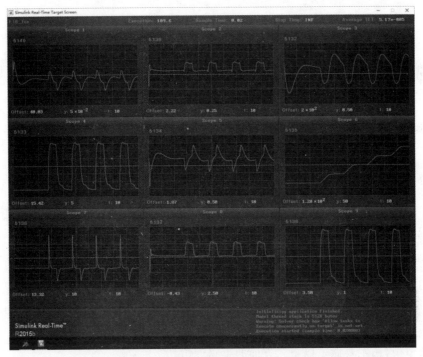

图 7 - 15 水平引导半物理仿真实验结果

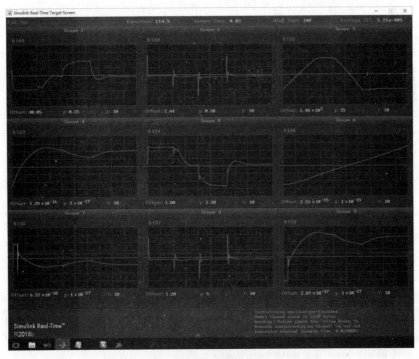

图 7 - 16 垂直引导半物理仿真实验结果

第8章 无人机自主起降控制律设计与验证实验

实验部分利用 F－16 无人机在典型飞行状态下的纵向、横侧向气动数据,结合飞行力学、飞行控制系统等理论基础,主要做了如下几方面的数字仿真实验:

(1)以典型配平状态下的非线性飞机模型为实验对象,设计无人机自主起飞的控制律,并进行数字仿真验证。

(2)以典型配平状态下的非线性飞机模型为实验对象,设计无人机自主着陆的控制律,并进行数字仿真验证。

在本章节中,还主要做了以下几方面的半物理仿真实验:

(1)进行无人机自主起飞的控制律的半物理仿真验证。

(2)进行无人机自主着陆的控制律的半物理仿真验证。

8.1 无人机自主起飞控制律设计与数字仿真验证

8.1.1 简介

本实验以某无人机为实验对象,对无人机自主起飞阶段进行飞行控制律的设计,并进行数字仿真实验。

8.1.2 实验目的

了解无人机自主起飞过程,为每一阶段设计控制律,结合数字仿真验证控制律的作用,并利用 6DOF 对所设计的控制律进行非线性仿真验证。

8.1.3 实验原理

如图 8－1 所示,对于无人机自主起飞,起飞阶段飞行控制系统将飞机航向对准跑道中心线,启动发动机,无人机从起飞点开始加速滑跑,在滑跑过程中逐渐抬起前轮形成起飞迎角,当飞机到达离地速度时,开始进入离地爬升阶段,直至达到安全高度。

1. 滑跑阶段

在这个阶段,发动机处于最大转速工作状态,松开刹车后,无人机开始着地滑跑。在滑跑过程中要保证无人机对准跑道中心线。可以采用前轮转弯或主轮点刹刹车方式来实现。随着滑跑速度的提高,无人机受到的气动力越来越大,在初始起飞升降舵面的作用下形成迎角,无人机抬起前轮,进入两轮着地滑跑阶段。

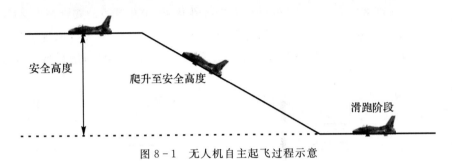

图 8-1 无人机自主起飞过程示意

2. 前轮抬起,主轮滑跑阶段

两轮着地滑跑阶段,发动机状态和初始起飞升降舵面不发生变化,无人机继续加速滑跑,所受气动力继续变化,当气动升力大于自身重力时,无人机自动离地,进入爬升阶段。

3. 无人机离地至安全高度阶段

无人机离地后将以起飞迎角离地爬升,此刻要求加速飞行,快速提高飞行速度以保证无人机的安全性。随着高度的进一步增加,原本对无人机影响较大的地面效应逐渐消失,无人机可以切换到空中的控制指令。待无人机爬升至安全高度后,可及时收起起落架以减小空气阻力。

在上述三个阶段中,无人机受力(主要由地面、气动和自身发动机引起)变化较大,需要将飞机对象按每一阶段分别建立数学模型,依次设计相应阶段的算法逻辑与飞行控制律。

本次实验从前轮抬起开始进行仿真,给定起飞速度、起飞高度,快速提高飞行速度并爬升达到安全高度后定高匀速平飞,即完成自主起飞过程。

离地爬升段的高度控制律为

$$\left.\begin{aligned}\theta_g &= K_{Ph}(h_g - h) + K_{Ih}\!\int (h_g - h)\,\mathrm{d}t + K_{fh}\Delta\dot{h}\\ \Delta\delta_e &= K_{\dot{\vartheta}}\dot{\vartheta} + K_{\vartheta}(\theta_g - \theta)\end{aligned}\right\} \tag{8-1}$$

其中,h_g 为安全高度。

速度控制律为

$$\Delta\delta_T = K_{PV}(V_g - V) + K_{IV}\!\int (V_g - V)\,\mathrm{d}t \tag{8-2}$$

其中,V_g 为各阶段要求的飞行速度。

8.1.4 实验仪器

综合控制与显示计算机、MATLAB 仿真软件。

8.1.5 实验内容与步骤

1. 实验内容

在高度 0 m、速度 30 m/s 状态点处进行配平线性化,给定爬升段的安全高度为 200 m,要求爬升段飞机快速提高速度至 50 m/s,到达安全高度后以 40 m/s 的飞行速度定常平飞。根据式(8-1)和式(8-2)所示的控制律,搭建如图 8-2 所示的仿真模型,进行自主起飞的数字仿真实验。

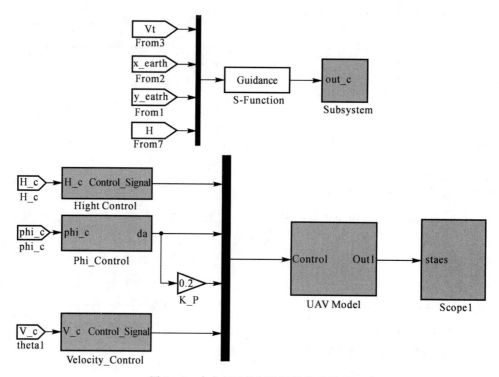

图 8-2 自主起飞控制律设计仿真模型

2. 仿真模型(见图 8-2)

3. 实验步骤

(1)启动 MATLAB 软件,按照 8.1.3 节中给出的纵向自主起飞控制律构型,完成自主起飞阶段控制律的设计。

(2)首先运行 initial.m 文件进行初始化,通过改变各个控制律参数的数值,使得飞机能够按照给定指令完成自主起飞。

(3)结合仿真曲线,理解在各个控制律中,其控制律参数对状态响应的影响。

(4)利用 6DOF 对所设计的自主起飞控制律进行非线性仿真验证。

(5)记录仿真曲线、撰写实验报告。

4. 仿真结果(见图 8-3 和图 8-4)

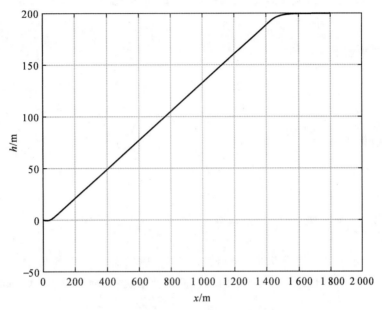

图 8-3　自主起飞高度随前向位移的变化曲线

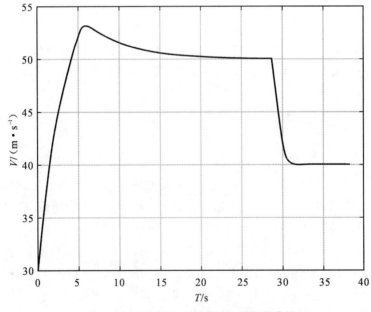

图 8-4　自主起飞速度随时间的变化曲线

8.1.6　思考题

自主起飞阶段的控制律是否是在配平的基础上进行设计的？请说明理由。

8.2　无人机自主起飞控制系统半物理实时仿真验证

8.2.1　实验内容

在 8.1 节实验中,已经进行了无人机自主起飞的控制律设计与数字仿真验证,本实验将进行半物理仿真,观察半物理仿真状态响应曲线,与数字仿真的状态响应曲线进行对比。

8.2.2　实验仪器

综合控制与显示计算机、飞行仿真视景子系统、飞行仿真实时计算机、DreamBuilder-01 飞控板、F-16 缩比模型。

8.2.3　实验步骤

(1)启动飞行仿真实时计算机(研华科技 610L),启动综合控制与显示计算机(惠普 PC 机),进入 Windows 10 操作系统,双击桌面飞行控制教学实验系统快捷方式,即可启动飞行仿真视景子系统。

(2)DreamBuilder-01 飞控板上电,然后打开本节实验工程目录 USER 下的 TEST. uvprojx 文件,保存 🔲,编译 🔣,并下载 🔽 程序至飞控板。

(3)在 MATLAB Command 文本框中输入"F16"后回车确认命令。

(4)完成上述步骤后,点击初始化界面左上方"VP 启动",即可呈现视景。

(5)在初始化界面下方 MATLAB Command 文本框中输入"+tg"(小写),即可启动半物理实时仿真。

(6)观察左侧自主起飞控制界面飞机各状态量的变化及飞行仿真实时计算机上的状态响应曲线、视景上飞机的飞行状态。

(7)飞行仿真实时计算机每 100 s 更新一次曲线,等屏幕上出现曲线后,在飞行仿真视景子系统界面中下方的 MATLAB Command 文本框中输入"xpctarget spy"回车确认命令后,得到飞行仿真实时计算机中曲线的截图,然后可使用 Windows 10 自带的截图工具(按 Windows 键后选择截图工具打开软件)保存截图。

(8)在 MATLAB Command 文本框中输入"-tg"后回车,即可结束半物理仿真。

(9)点击飞行仿真视景子系统界面中退出按钮,确认退出。飞控板下电(断开电源转换模块与电池的连接),关闭飞行仿真实时计算机,关闭综合控制与显示计算机。

(10)将半物理仿真状态响应曲线与数字仿真的状态响应曲线进行对比,撰写实验报告。

8.2.4　实验结果

在图 8-5 所示的界面中,选择自主起飞模型,可以在飞行仿真实时计算机界面得到如图 8-6 所示的状态响应曲线,完成自主起飞控制。

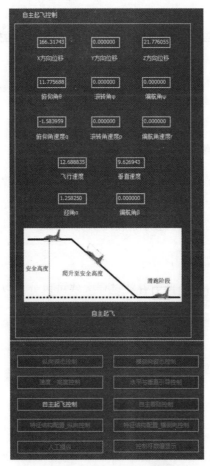

图 8-5　自主起飞控制界面

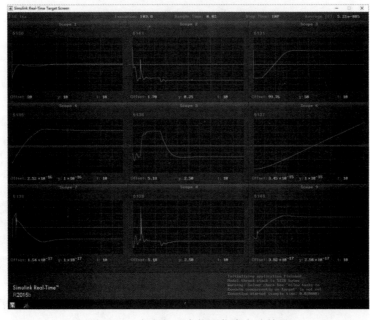

图 8-6　自主起飞半物理仿真实验结果

8.3 无人机自主着陆控制律设计与数字仿真验证

8.3.1 简介

本实验以某无人机为实验对象,对无人机自主着陆进行飞行控制律的设计,并进行数字仿真实验。

8.3.2 实验目的

了解无人机自主着陆过程,为着陆的每一阶段设计控制律,结合数值仿真验证控制律的作用,并利用 6DOF 对所设计的控制律进行非线性仿真验证。

8.3.3 实验原理

如图 8-7 所示,无人机的整个自主着陆过程大致可以分为以下三个阶段:进场飞行、下滑飞行和着陆滑跑。

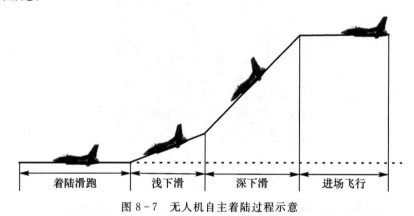

图 8-7 无人机自主着陆过程示意

1. 进场飞行

进场飞行是无人机在结束飞行任务阶段到进入下滑阶段之间的一个重要的过渡过程。在执行完飞行任务后,无人机需要先下降到指定的降落高度并进行一段定高飞行,以确保其能够精确地保持在预定高度上。

2. 下滑飞行

下滑飞行指的是无人机按照预定的下滑轨迹线执行下滑飞行任务直到安全平稳接地的过程。不同下滑方式的组合构成了不同的下滑策略,而不同的下滑策略又决定了下滑轨迹线及飞行控制器的设计。这里主要使用深下滑加浅下滑的下滑飞行策略。

深下滑段的作用是减小轨迹捕获后无人机对下滑轨迹线的高度跟踪误差与速度误差,建立无人机的等效空速。深下滑段具有恒定的航迹倾斜角,其大小由无人机的质量、推力及推力特性决定。

浅下滑段与深下滑段大致相同,也具有恒定的航迹倾斜角。只是相对深下滑段来说,浅下滑段的航迹倾斜角比前者要小。从发挥的作用上看，浅下滑段也同深下滑段一样，可以消除无人机在过渡过程中产生的高度和速度误差。除此之外，浅下滑段发挥的更主要的作用是减小无人机的下沉速率，使无人机在接地时承受的地面撞击更小，为接下来的拉平接地段做好准备。

3. 着陆滑跑

无人机完成下滑飞行任务后需要进行接地减速滑停。在这个阶段中，当无人机起落架的后轮率先接地后，纵向控制改为姿态控制，发动机关闭，姿态角指令由当前值逐渐降为零，升降舵可以适当上偏，提供低头力矩保持纵向稳定，直到起落架前轮着地。

在本次数字仿真实验中，直接从下滑阶段开始（包括深下滑和浅下滑），给定深下滑起始高度和终止高度、下滑角，浅下滑起始高度终止高度、下滑角及下滑速度信息，完成下滑阶段；无人机在完成接地后进入着陆滑跑阶段，纵向控制系统的主要任务就是让无人机不断减速直到停止滑跑。这时候应关闭发动机，依靠自然的摩擦阻力使无人机减速直到停止。

下滑阶段的控制律为

$$\left.\begin{aligned} h_g &= (x_h - x)\tan\gamma + h_0 \\ \theta_g &= K_{Ph}(h_g - h) + K_{Ih}\!\int (h_g - h)\,\mathrm{d}t + K_f\Delta\dot{h} \\ \Delta\delta_e &= K_{\dot\theta}\dot\theta + K_\theta(\theta_g - \theta) \end{aligned}\right\} \qquad (8-3)$$

其中，x_h 为航迹点的前向位移状态值；h_0 为下滑阶段的终止高度；γ 为航迹倾斜角，即下滑角。

着陆滑跑阶段的控制律为

$$\Delta\delta_e = K_\theta(\theta - \theta_g) + K_q q \qquad (8-4)$$
$$\delta_{th} = 0 \qquad (8-5)$$

其中，着陆滑跑阶段升降舵适当上偏，提供低头力矩保持纵向稳定，因此 $\theta_g > 0$。

8.3.4　实验仪器

综合控制与显示计算机、MATLAB 仿真软件。

8.3.5　实验内容与步骤

1. 实验内容

在高度 200 m、速度 40 m/s 状态点处进行配平线性化。给定深下滑起始高度 200 m、终止高度 30 m、下滑角 −7°，浅下滑起始高度 30 m、终止高度 5 m、下滑角 −3°，下滑速度 35 m/s；然后减速进入滑跑阶段。根据式（8-3）～式（8-5）所示的控制律，搭建如图 8-8 所示的仿真模型，进行自主着陆的数字仿真实验。

2. 仿真模型（见图 8-8）

3. 实验步骤

（1）启动 MATLAB 软件，按照给出的自主着陆控制律构型，完成自主着陆阶段控制律的设计。

（2）首先运行 initial.m 文件进行初始化，通过改变各个控制律参数的数值使得飞机能够按照给定指令完成自主着陆。

（3）结合仿真曲线，理解在各个控制律中，其控制律参数对状态响应的影响。

（4）利用 6DOF 对所设计的自主着陆控制律进行非线性仿真验证。

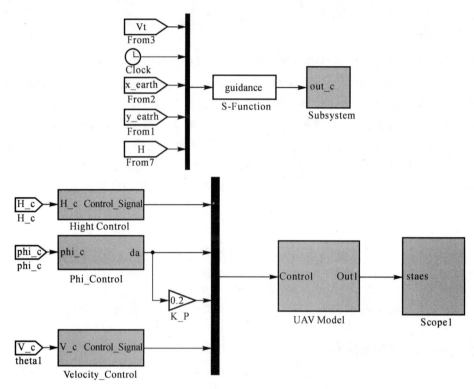

图 8-8　自主着陆控制律设计仿真模型

4. 仿真结果（见图 8-9）

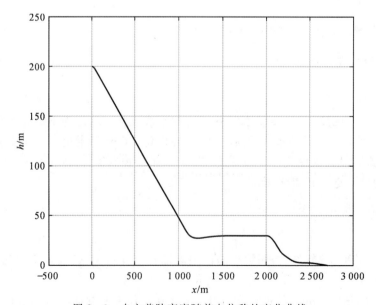

图 8-9　自主着陆高度随前向位移的变化曲线

8.3.6　思考题

自主着陆阶段的控制律是否是在配平的基础上进行设计的？请说明理由。

8.4　无人机自主着陆控制系统半物理实时仿真验证

8.4.1　实验内容

在 8.3 节实验中,已经进行了无人机自主着陆的控制律设计与数字仿真验证,本实验将进行半物理仿真,观察半物理仿真状态响应曲线,与数字仿真的状态响应曲线进行对比。

8.4.2　实验仪器

综合控制与显示计算机、飞行仿真视景子系统、飞行仿真实时计算机、DreamBuilder-01 飞控板、F-16 缩比模型。

8.4.3　实验步骤

(1)启动飞行仿真实时计算机(研华科技 610L),启动综合控制与显示计算机(惠普 PC 机),进入 Windows 10 操作系统,双击桌面飞行控制教学实验系统快捷方式,即可启动飞行仿真视景子系统。

(2)DreamBuilder-01 飞控板上电,然后打开本节实验工程目录 USER 下的 TEST.uvprojx 文件,保存 ■,编译 ■,并下载 ■ 程序至飞控板。

(3)在 MATLAB Command 文本框中输入"F16"后回车确认命令。

(4)完成上述步骤后,点击初始化界面左上方"VP 启动",即可呈现出视景。

(5)在 MATLAB Command 文本框中输入"+tg"(小写),即可启动半物理实时仿真。

(6)观察左侧自主起飞控制界面飞机各状态量的变化及飞行仿真实时计算机上的状态响应曲线、视景上飞机的飞行状态。

(7)飞行仿真实时计算机每 100 s 更新一次曲线,等屏幕上出现曲线后,在 MATLAB Command 文本框中输入"xpctarget spy"回车确认命令后得到飞行仿真实时计算机中曲线的截图,然后可使用 Windows 10 自带的截图工具(按 Windows 键后选择截图工具打开软件)保存截图。

(8)在 MATLAB Command 文本框中输入"-tg"后回车,即可结束半物理仿真。

(9)点击飞行仿真视景子系统界面中退出按钮,确认退出。飞控板下电(断开电源转换模块与电池的连接),关闭飞行仿真实时计算机,关闭综合控制与显示计算机。

(10)将半物理仿真状态响应曲线与数字仿真状态响应曲线进行对比,撰写实验报告。

8.4.4　实验结果

在如图 8-10 所示的界面中,选择自主着陆控制,可以在飞行仿真实时计算机界面上得到如图 8-11 所示的状态响应曲线。

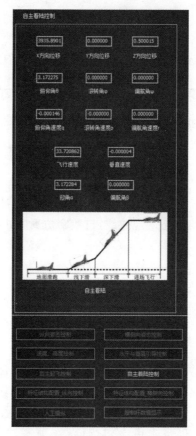

图 8-10　自主着陆控制界面

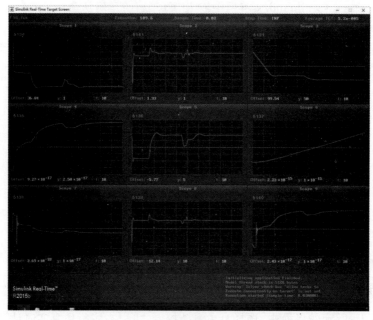

图 8-11　自主着陆半物理仿真实验结果

第9章 基于特征结构配置的无人机控制律设计与验证实验

本章实验部分利用 F-16 无人机在典型飞行状态下的纵向、横侧向气动数据,结合飞行力学、飞行控制系统等理论基础,主要做了如下几方面的数字仿真实验:

(1)以典型配平状态下的纵向线性飞机模型为实验对象,设计无人机基于特征结构配置的纵向的控制律设计,并进行数字仿真验证。

(2)以典型配平状态下的横侧向线性飞机模型为实验对象,设计无人机基于特征结构配置的横侧向的控制律设计,并进行数字仿真验证。

在本章节中,还主要做了以下几方面的半物理仿真实验:

(1)进行基于特征结构配置的纵向的控制律的半物理仿真验证。

(2)进行基于特征结构配置的横侧向的控制律的半物理仿真验证。

9.1 基于特征结构配置的纵向控制律设计与数字仿真

9.1.1 简介

本实验以某无人机典型配平状态下的纵向线性模型为实验对象,了解特征结构配置理论,对纵向进行控制律设计,并进行数字仿真验证。

9.1.2 实验目的

学习并掌握特征结构配置理论,进而对无人机纵向进行基于特征结构配置的控制律设计,通过改变控制律参数的数值,研究无人机纵向运动的变化趋势,结合数值仿真验证控制律的作用,并利用 6DOF 对所设计的控制律进行非线性仿真验证。

9.1.3 实验原理

1. 基于输出反馈的特征结构配置

给定一个可控可观测 MIMO 线性飞机系统状态空间模型:

$$\left.\begin{array}{l} \dot{x} = Ax + Bu \\ y = Cx \end{array}\right\} \qquad (9-1)$$

采用输出反馈控制输入为 $u = Ky$,$K \in \mathbf{R}^{n \times m}$。加入控制器后,状态反馈控制系统新的状态空间方程：

$$\left.\begin{array}{l} \dot{x} = (A + BKC)x \\ y = Cx \end{array}\right\} \tag{9-2}$$

基于输出反馈的特征结构配置方法所要解决的问题可以简要描述 $vk\ gh$：

给定自共轭标量集 $\{\lambda_i^d\}$，$i = 1,2,\cdots,r$，和对应的自共轭 n 维向量集 $\{v_i^d\}$，$i = 1,2,\cdots,r$，要找出一个 $m \times n$ 维实数矩阵 K，使得 $A + BKC$ 的特征值为自共轭集 $\{\lambda_i^d\}$，而对应的特征向量为自共轭集 $\{v_i^d\}$。基于输出反馈控制原理图如图 9-1 所示。

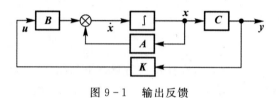

图 9-1　输出反馈

本实验中直接给出 K 求解步骤，详细推导过程请参考线性系统理论相关书籍。

假设理想的闭环系统特征值为 $\{\lambda_i\}_{i=1}^r$ 且 v_i 为 λ_i 对应的闭环特征向量。则对于一组特征值特征向量 λ_i 和 v_i，有

$$\left.\begin{array}{l} (A + BKC)v_i = \lambda_i v_i \\ L \xlongequal{\text{def}} (\lambda I - A)^{-1}B \end{array}\right\} \tag{9-3}$$

期望特征向量 v_i^d 与可达特征向量 v_i^a 为

$$v_i^a = L_i z_i = (\lambda_i I - A)^{-1} B z_i, \quad z_i \in \mathbf{R}^m \tag{9-4}$$

其中投影向量 z_i：

$$z_i = (L_i^T L_i)^{-1} L_i^T v_i^d \tag{9-5}$$

则根据式(9-4)可以得到可达特征向量 v_i^a 的计算公式为

$$v_i^a = L_i (L_i^T L_i)^{-1} L_i^T v_i^d \tag{9-6}$$

为便于计算，将输入矩阵 B 变换成如下形式：

$$B \rightarrow \begin{bmatrix} I_m \\ \cdots \\ 0 \end{bmatrix} \tag{9-7}$$

对原系统引入线性变换 $x = T\bar{x}$。其中 $T = [B \vdots P]$，P 为使得 $\operatorname{rank} T = n$ 的任意矩阵。则式(9-1)所表示的系统可变换为

$$\left.\begin{array}{l} \dot{\bar{x}} = \bar{A}\bar{x} + \bar{B}u \\ \bar{y} = \bar{C}\bar{x} \end{array}\right\} \tag{9-8}$$

式中，$\bar{A} = T^{-1}AT$；$\bar{B} = T^{-1}B = \begin{bmatrix} I_m \\ 0 \end{bmatrix}$；$\bar{C} = CT$。

线性变换前后，系统的特征值不变，特征向量变为

$$\bar{v}_i = T^{-1} v_i \tag{9-9}$$

把 $\bar{v}_i$ 分为 $m \times 1$ 与 $(n-m) \times 1$ 两段，可得：

$$\bar{v}_i = \begin{bmatrix} \bar{z}_i \\ \bar{w}_i \end{bmatrix}, \quad \bar{z}_i \in \mathbf{R}^{m \times 1}, \quad \bar{w}_i \in \mathbf{R}^{(n-m) \times 1} \tag{9-10}$$

相应地,对任一理想特征值 $\lambda_1, \lambda_2, \cdots, \lambda_r$ 和对应的可达特征向量 $\bar{v}_1, \bar{v}_2, \cdots, \bar{v}_r$,以下公式全部成立:

$$(\bar{A}_1 + K\bar{C})\bar{v}_1 = \lambda_1 \bar{z}_1 \tag{9-11}$$

$$(\bar{A}_1 + K\bar{C})\bar{v}_2 = \lambda_2 \bar{z}_2 \tag{9-12}$$

$$\cdots\cdots$$

$$(\bar{A}_1 + K\bar{C})\bar{v}_r = \lambda_r \bar{z}_r \tag{9-13}$$

总体可写为

$$(\bar{A}_1 + K\bar{C})\bar{V} = \bar{Z} \tag{9-14}$$

式中,$\bar{V} = \begin{bmatrix} \bar{v}_1 & \bar{v}_2 & \cdots & \bar{v}_r \end{bmatrix}$,$\bar{v} \in \mathbf{R}^{n \times r}$;$\bar{Z} = \begin{bmatrix} \lambda_1 \bar{z}_1 & \lambda_2 \bar{z}_2 & \cdots & \lambda_r \bar{z}_r \end{bmatrix}$,$\bar{Z} \in \mathbf{R}^{m \times r}$。

$$\overset{m \times r}{K} = (\bar{Z} - \overset{m \times n}{\bar{A}}_1 \overset{n \times r}{\bar{V}})(\bar{C}\bar{V})^{-1} \tag{9-15}$$

2. 误差积分控制构型

对于以状态方程描述的系统:

$$\left.\begin{aligned} \dot{x} &= Ax + Bu \\ y &= Cx + Du \end{aligned}\right\} \tag{9-16}$$

在控制律设计过程中,通常在某一时刻期望操纵的状态量只有一个。假设系统状态为 x_1, x_2,输出信号 $y_1 = x_1, y_2 = x_2$,其中 $y_2(x_2)$ 为操纵目标。

系统在阶跃输入下的动态特性由特征根决定。在前向增益构型中,稳态性能由前向增益调节,而在积分构型中,可通过引入误差积分来消除稳态偏差。需要指出的是,当 x_1 和 x_2 选择相同的特征结构后,这两种构型的控制效果动态特性类似,稳态积分型收敛更迅速,但也可能由此导致一定的超调。

当被控量为 $y_2(x_2)$ 时,我们可以构造如图 9-2 所示的控制构型。

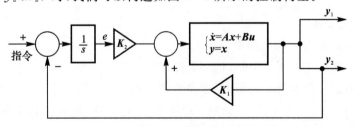

图 9-2　误差积分构型

对于控制输入 y_{cmd},引入误差项 $\dot{e} = y_{\mathrm{cmd}} - y_2$,对 A 阵进行扩充,则有

$$\begin{bmatrix} \dot{x}_1 \\ \dot{x}_2 \\ \dot{e} \end{bmatrix} = \begin{bmatrix} A & 0 \\ \begin{bmatrix} 0 & -1 \end{bmatrix} & 0 \end{bmatrix} \begin{bmatrix} x_1 \\ x_2 \\ e \end{bmatrix} + \begin{bmatrix} B \\ 0 \end{bmatrix} u + \begin{bmatrix} 0 \\ 0 \\ 1 \end{bmatrix} y_{\mathrm{cmd}} \tag{9-17}$$

$$\begin{bmatrix} y_1 \\ y_2 \end{bmatrix} = \begin{bmatrix} x_1 \\ x_2 \end{bmatrix}$$

利用输出反馈配置系统的特征根。状态 x_1, x_2 的动态特性对应前两个特征根 $[\lambda_1 \quad \lambda_2]$，积分项的收敛速度由第三个特征根 λ_3 决定。选择适当的 $[(\lambda_1 \quad \lambda_2) \quad \lambda_3]$，配置得到参数 $[(K_1) \quad K_2]$。

由于误差积分的存在，通过选取 λ_3，可以控制系统稳态的收敛速度以及超调等动态特性。

3. 纵向控制律设计

（1）俯仰角速率操纵。俯仰角速率操纵是指飞机在驾驶员指令下等角速率爬升，即保持一定的俯仰角速率 q。它的控制器既可以采用前向增益型也可以采用误差积分构型（见图 9 - 3）。反馈信号为俯仰角速率和迎角（法向过载）。俯仰角速率的误差积分型控制器采用 q 和 α 反馈。以 q 为被控量，将指令 q_{cmd} 与反馈信号 q 做差后通过积分器。

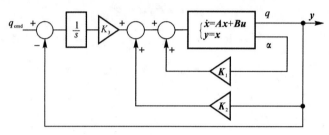

图 9 - 3   俯仰角速率误差积分构型

特征向量选择见表 9 - 1。

表 9 - 1   短周期误差积分型特征向量

	α	q	e
α	1	x	x
q	x	1	x
e	x	x	1

对于两个状态 a 和 b：

（1）相同的状态 a 和 a 相关性取值为 1。

（2）当不同状态 a 和 b 无须解耦时，相关性取值 "x"。

（3）当不同状态 a 和 b 要求解耦时，相关性取值 0。

在积分构型中，$[K_1 \quad K_2 \quad K_3]$ 分别对应 $[\alpha \quad q \quad e]$ 的特征结构配置结果。系统的动态特性由 K_1 和 K_2 改善，K_3 决定了误差项的收敛速度。

（2）迎角操纵。迎角操纵与俯仰角速率操纵的构型类似（见图9-4），不同之处在于被控量由 q 变为 α。

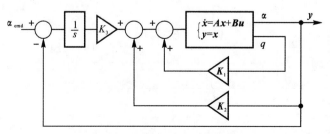

图 9 - 4   迎角误差积分构型

迎角的误差积分型控制器采用 q 和 α 反馈。以 α 为被控量,将指令 α_{cmd} 与反馈信号 α 做差后通过积分器。特征向量选择见表 9-2。

表 9-2　短周期误差积分型特征向量

	α	q	e
α	1	x	x
q	x	1	x
e	x	x	1

(3) 俯仰角控制。纵向的外环控制指的是对于姿态回路俯仰角以及航迹回路高度的控制。俯仰角操纵的误差积分型同短周期类似,指的是将俯仰角误差项的积分作为系统的一个新状态,扩充系统矩阵,并进行配置,它的结构如图 9-5 所示。

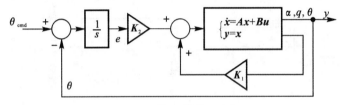

图 9-5　俯仰角误差积分构型

其中,α,q,θ 为系统输出迎角、俯仰角速率和俯仰角。$\begin{bmatrix} K_1 & K_2 \end{bmatrix}$ 分别为 $\begin{bmatrix} (\alpha & q & \theta) & e \end{bmatrix}$ 的配置参数。特征向量选择见表 9-3。

表 9-3　俯仰角误差积分型特征向量

	α	q	θ	e
α	1	x	0	0
q	x	1	0	0
θ	0	0	1	x
e	0	0	x	1

通常,特征根距离虚轴越远,稳态收敛速度越快。

(4) 高度控制。一般情况下,高度控制作为航迹回路,处于姿态回路的外环,即高度控制是在俯仰角控制的基础上进行的(见图 9-6)。如果采用自动油门控制速度,则高度控制就是利用升降舵控制飞机的姿态(俯仰角),实现爬升和下降。如此一来,高度控制本质上转化为了对俯仰角的控制。实际上,高度控制模块的输入是高度指令,而输出通常是俯仰角指令。俯仰角指令再通过俯仰角控制器间接实现对高度的控制。

图 9-6　高度控制器逻辑图

9.1.4 实验仪器

综合控制与显示计算机、MATLAB 仿真软件。

9.1.5 实验内容与步骤

9.1.5.1 俯仰角速率控制律设计

1. 实验内容

学习特征结构配置理论,以纵向线性化模型为基础,选取特征值为 $\lambda_{1,2}=-3\pm2i,\lambda_3=-3$,期望特征向量为单位向量,完成基于特征结构配置的俯仰角速率的控制律设计。

2. 仿真模型(见图 9-7)

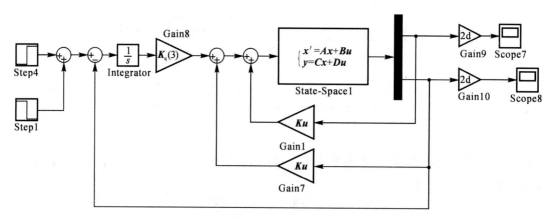

图 9-7   基于特征结构配置的俯仰角速率的控制仿真图

3. 实验步骤

(1)启动 MATLAB 软件,在 MATLAB 仿真中修改 EA1_q.m 中的特征值 Lamada 数组,然后运行 EA1_q.m 得到反馈阵 K_q。

(2)根据控制框架和控制律结构,搭建如图 9-7 所示的仿真模型,进行基于特征结构配置的俯仰角速率的控制律数字仿真实验。

(3)结合仿真曲线,在该控制律结构中,分析增益矩阵 K_q 对无人机滚转角速率的影响。

(4)记录仿真曲线、撰写实验报告。

4. 仿真结果

进行制定的纵向特征根配置,得到增益矩阵为 $K_q=[0.215\,4\quad-0.034\,3\quad-0.045\,2]$
基于特征结构配置的俯仰角速率的控制律数字仿真结果如图 9-8 所示。

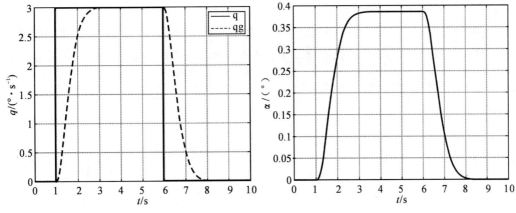

图 9 - 8 俯仰角速率控制响应曲线

9.1.5.2 迎角控制律设计

1. 实验内容

学习特征结构配置理论,以纵向线性化模型为基础,选取特征值为 $\lambda_{1,2} = -3 \pm 2i, \lambda_3 = -3$,期望特征向量为单位向量,完成基于特征结构配置的迎角的控制律设计。

2. 仿真模型(见图 9 - 9)

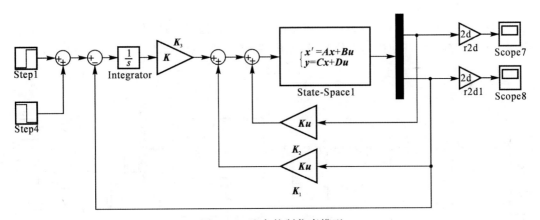

图 9 - 9 迎角控制仿真模型

3. 实验步骤

(1)启动 MATLAB 软件,在 MATLAB 仿真中修改 EA2_AOA.m 中的特征值 Lamada 数组,然后运行 EA2_AOA.m 得到反馈阵 $\boldsymbol{K}_\alpha$。

(2)根据前文控制框架和控制律结构,搭建如图 9 - 9 所示的仿真模型,进行基于特征结构配置的迎角的控制律数字仿真实验。

(3)结合仿真曲线,在该控制律结构中,分析增益矩阵 $\boldsymbol{K}_\alpha$ 对无人机迎角的影响。

(4)记录仿真曲线、撰写实验报告。

4.仿真结果

进行制定的纵向特征根配置,得到增益矩阵为 $\boldsymbol{K}_q = [0.269\ 7\quad -0.034\ 5\quad -0.351\ 2]$ 基于特征结构配置的迎角的控制律数字仿真结果如图 9-10 所示。

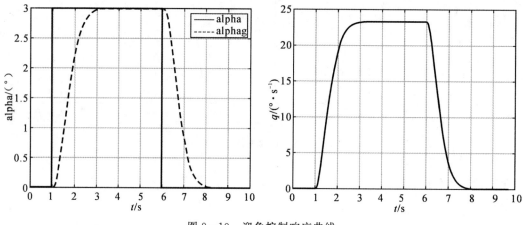

图 9-10 迎角控制响应曲线

9.1.5.3 俯仰角控制律设计

1.实验内容

学习特征结构配置理论,以纵向线性化模型为基础,选取特征值为 $\lambda_{1,2} = -3 \pm 2\mathrm{i}, \lambda_3 = -3, \lambda_4 = -5$,期望特征向量为单位向量,完成基于特征结构配置的俯仰角的控制律设计。

2.仿真模型(见图 9-11)

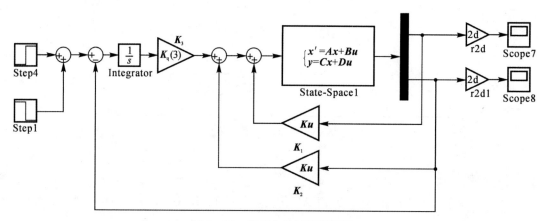

图 9-11 俯仰角控制仿真模型

3.实验步骤

(1)启动 MATLAB 软件,在 MATLAB 仿真中修改 EA3_theta.m 中的特征值 Lamada 数组,然后运行 EA3_theta.m 得到反馈阵 $\boldsymbol{K}_\theta$。

（2）根据前文控制框架和控制律结构，搭建如图 9 - 11 所示的仿真模型，进行基于特征结构配置的俯仰角的控制律数字仿真实验。

（3）结合仿真曲线，在该控制律结构中，分析增益矩阵 $\boldsymbol{K}_\theta$ 对无人机俯仰角的影响。

（4）记录仿真曲线、撰写实验报告。

4. 仿真结果

进行制定的纵向特征根配置，得到增益矩阵为

$$\boldsymbol{K}_\theta = \begin{bmatrix} 0.153\,2 & 0.003\,5 & 0.189\,8 & -0.225\,9 \end{bmatrix}$$

基于特征结构配置的俯仰角的控制律数字仿真结果如图 9 - 12 所示。

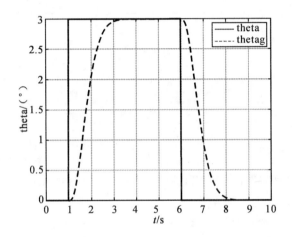

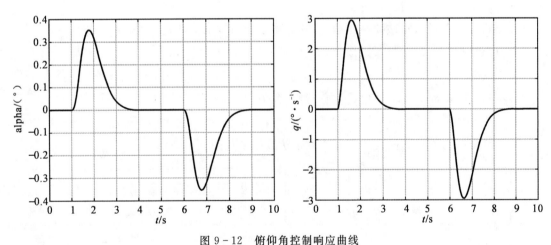

图 9 - 12　俯仰角控制响应曲线

9.1.5.4　高度控制律设计

1. 实验内容

学习特征结构配置理论，以纵向线性化模型为基础，选取特征值为 $\lambda_{1,2} = -3 \pm 2\mathrm{i}$，$\lambda_3 = -3$，$\lambda_5 = -5$，期望特征向量为单位向量，完成基于特征结构配置的高度的控制律设计。

2．仿真模型（见图 9 - 13）

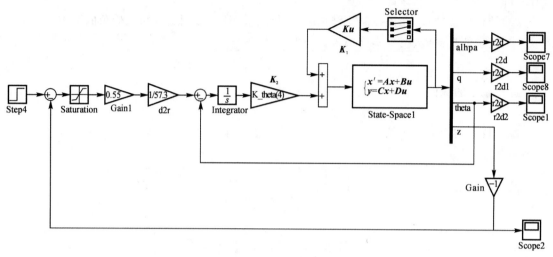

图 9 - 13　高度控制仿真模型

3．实验步骤

（1）启动 MATLAB 软件，在 MATLAB 仿真中修改 EA4_H.m 中的特征值 Lamada 数组，然后运行 EA4_H.m 得到反馈阵 $\boldsymbol{K}_H$。

（2）根据控制框架和控制律结构，搭建如图 9 - 13 所示的仿真模型，进行基于特征结构配置的高度的控制律数字仿真实验。

（3）结合仿真曲线，在该控制律结构中，分析增益矩阵 $\boldsymbol{K}_H$ 对无人机高度的影响。

（4）记录仿真曲线、撰写实验报告。

4．仿真结果

进行制定的纵向特征根配置，得到增益矩阵为

$$\boldsymbol{K}_H = \begin{bmatrix} 0.153\,2 & 0.003\,5 & 0.189\,8 & -0.225\,9 \end{bmatrix}$$

基于特征结构配置的高度的控制律数字仿真结果如图 9 - 14 所示。

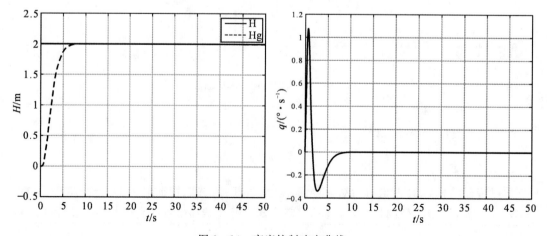

图 9 - 14　高度控制响应曲线

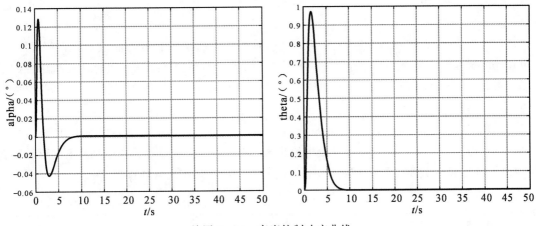

续图 9 - 14　高度控制响应曲线

9.1.6　思考题

基于稳定性的要求,对于特征根的选取有什么限定?

9.2　基于特征结构配置的纵向控制系统半物理实时仿真

9.2.1　实验内容

在 9.1 节实验中,已经进行了基于特征结构配置的纵向控制律设计与数字仿真验证,本实验将进行半物理仿真,观察半物理仿真状态响应曲线,与数字仿真的状态响应曲线进行对比。

9.2.2　实验仪器

综合控制与显示计算机、飞行仿真视景子系统、飞行仿真实时计算机、DreamBuilder - 01 飞控板、F - 16 缩比模型。

9.2.3　实验步骤

(1)启动飞行仿真实时计算机(研华科技 610L),启动综合控制与显示计算机(惠普 PC 机),进入 Windows 10 操作系统,双击桌面飞行控制教学实验系统快捷方式,即可启动飞行仿真视景子系统。

(2)DreamBuilder - 01 飞控板上电,然后打开本节实验工程目录 USER 下的 TEST. uvprojx 文件,按照数字仿真结果修改 test.c 中参数 K,也可不做修改保持默认值进行实验。

保存 ，编译 ，并下载 程序至飞控板;

(3)在 MATLAB Command 文本框中输入"F16"后回车确认命令。

(4)完成上述步骤后,点击初始化界面左上方"VP 启动",即可呈现出视景。

(5)在 MATLAB Command 文本框中输入"+tg"(小写),即可启动半物理实时仿真。

(6)在初始化界面上选择特征结构配置_纵向控制模块,在文本框内输入俯仰角指令,点击指令上传,观察初始化界面及飞行仿真实时计算机上的状态响应曲线、视景上飞机的飞行状态。

(7)飞行仿真实时计算机每 100 s 更新一次曲线,等屏幕上出现曲线后,在 MATLAB Command 文本框中输入"xpctarget spy"回车确认命令后,得到飞行仿真实时计算机中曲线的截图,然后可使用 Windows 10 自带的截图工具(按 Windows 键后选择截图工具打开软件)保存截图。

(8)在 MATLAB Command 文本框中输入"-tg"后回车,即可结束半物理仿真。

(9)点击飞行仿真视景子系统界面中退出按钮,确认退出。飞控板下电(断开电源转换模块与电池的连接),关闭飞行仿真实时计算机,关闭综合控制与显示计算机。

(10)将半物理仿真状态响应曲线与数字仿真的状态响应曲线进行对比,撰写实验报告。

9.2.4 实验结果

在如图 9-15 所示的界面中,选择特征结构配置_纵向控制,在文本框内输入俯仰角指令 30°并上传,可以在飞行仿真实时计算机界面上得到如图 9-16 所示的状态响应曲线,完成基于特征结构配置的纵向控制。

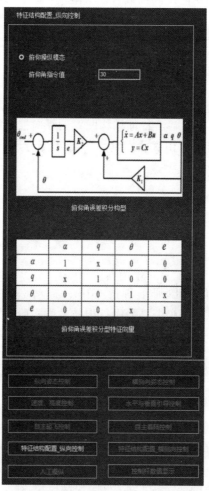

图 9-15 特征结构配准_纵向控制界面

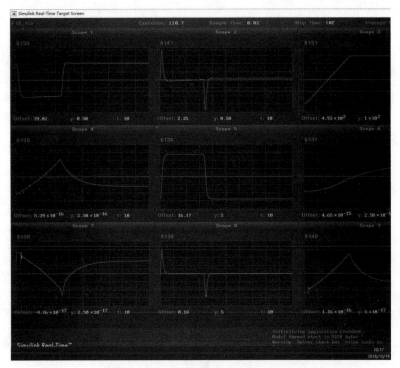

图 9 - 16　基于特征结构配置的俯仰角控制半物理仿真实验结果

在该半物理仿真实验中,俯仰角由配平值阶跃到俯仰角指令 30°。

9.3　基于特征结构配置的横侧向控制律设计与数字仿真

9.3.1　简介

本实验以 F - 16 无人机典型配平状态下的横侧向线性模型为实验对象,了解特征结构配置理论,对横侧向进行控制律设计,并进行数字仿真验证。

9.3.2　实验目的

学习并掌握特征结构配置理论,进而对无人机横侧向进行基于特征结构配置的控制律设计,通过改变控制律参数的数值研究无人机纵向运动的变化趋势,结合数值仿真验证控制律的作用,并利用 6DOF 对所设计的控制律进行非线性仿真验证。

9.3.3　实验原理

对于 F - 16 无人机典型配平状态下的横侧向线性化模型,选定横侧向特征根以后,运用特征结构配置的方法进行参数求取时和纵向一致,此处不再赘述。

9.3.3.1　滚转角速率控制律设计

在该实验中,需要运用误差积分型滚转角速率控制结构,其控制框图如图 9 - 17 所示。

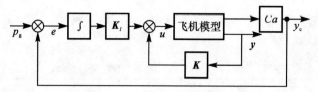

图 9-17　滚转角速率误差积分构型

对应的控制律为

$$\begin{bmatrix} \delta_a \\ \delta_r \end{bmatrix} = \boldsymbol{K}\boldsymbol{y} + \boldsymbol{K}_I \int e \qquad (9-18)$$

其中：

$$\boldsymbol{K} = \begin{bmatrix} K_{11} & K_{12} & K_{13} & K_{14} \\ K_{21} & K_{22} & K_{23} & K_{24} \end{bmatrix}$$

$$\boldsymbol{y} = \begin{bmatrix} \beta \\ p \\ r \\ \phi \end{bmatrix}$$

$$e = p_g - p$$

9.3.3.2　滚转角控制律设计

在该实验中,需要运用误差积分型滚转角控制结构,其控制框图如图 9-18 所示。

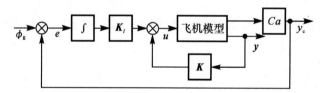

图 9-18　滚转角误差积分构型

对应的控制律为

$$\begin{bmatrix} \delta_a \\ \delta_r \end{bmatrix} = \boldsymbol{K}\boldsymbol{y} + \boldsymbol{K}_I \int e \qquad (9-19)$$

其中：

$$e = \phi_g - \phi$$

$$\boldsymbol{K} = \begin{bmatrix} K_{11} & K_{12} & K_{13} & K_{14} & K_{15} \\ K_{21} & K_{22} & K_{23} & K_{24} & K_{25} \end{bmatrix}$$

$$\boldsymbol{y} = \begin{bmatrix} \beta \\ p \\ r \\ \phi \end{bmatrix}$$

9.3.4　实验仪器

综合控制与显示计算机、MATLAB 仿真软件。

9.3.5　实验内容与步骤

9.3.5.1　滚转角速率控制律设计

1. 实验内容

学习特征结构配置理论,以横侧向线性化模型为基础,配置横侧向特征根为:$\lambda_{1,2} = -0.03 \pm 0.02i, \lambda_3 = -15, \lambda_4 = -16$,期望特征向量为单位向量,完成基于特征结构配置的滚转角速率的控制律设计。

2. 仿真模型(见图 9 - 19)

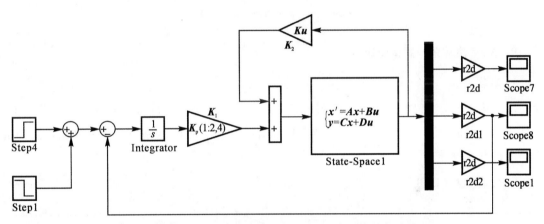

图 9 - 19　基于特征结构配置的滚转角速率的控制律仿真模型

3. 实验步骤

(1)启动 MATLAB 软件,在 MATLAB 仿真中修改 EA1_p.m 中的特征值 Lamada 数组,然后运行 EA1_p.m 得到反馈阵 K_p。

(2)根据控制框架和控制律结构,搭建如图 9 - 19 所示的仿真模型,进行基于特征结构配置的滚转角速率的控制律数字仿真实验。

(3)结合仿真曲线,在该控制律结构中,分析增益矩阵 K_p 对无人机滚转角速率的影响。

(4)记录仿真曲线、撰写实验报告。

4. 仿真结果

进行制定的横侧向特征根配置,得到增益矩阵为

$$K_p = \begin{bmatrix} -0.267\ 4 & -0.008\ 5 & 0.034\ 3 & -0.000\ 6 \\ 2.471\ 6 & -0.021\ 7 & 0.176\ 8 & 0.000\ 6 \end{bmatrix}$$

基于特征结构配置的滚转角速率的控制律数字仿真结果如图 9 - 20 所示。

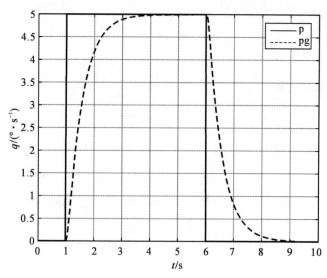

图 9 - 20　滚转角速率响应曲线

9.3.5.2　滚转角控制律设计

1. 实验内容

学习特征结构配置理论，以横侧向线性化模型为基础，配置横侧向特征根为 $\lambda_{1,2} = -0.03 \pm 0.02\mathrm{i}$，$\lambda_3 = -15$，$\lambda_4 = -16$，$\lambda_5 = -20$，期望特征向量为单位向量，完成基于特征结构配置的滚转角的控制律设计。

2. 仿真模型（见图 9 - 21）

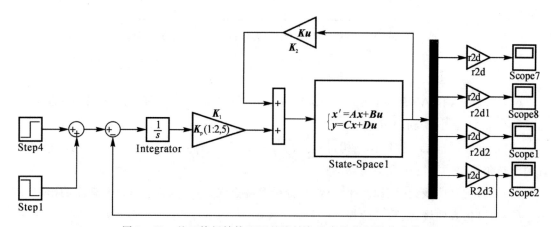

图 9 - 21　基于特征结构配置的滚转角速率的控制律仿真模型

3. 实验步骤

（1）启动 MATLAB 软件，在 MATLAB 仿真中修改 EA2_phi.m 中的特征值 Lamada 数组，然后运行 EA2_phi.m 得到反馈阵 $\boldsymbol{K}_\phi$。

（2）根据前文控制框架和控制律结构，构建如图 9 - 21 所示的仿真模型，进行基于特征结构配置的滚转角的控制律数字仿真实验。

（3）结合仿真曲线，在该控制律结构中，分析增益矩阵 $\boldsymbol{K}_{\phi}$ 对无人机滚转角的影响。

（4）记录仿真曲线、撰写实验报告。

4. 仿真结果

进行制定的横侧向特征根配置，得到增益矩阵为

$$\boldsymbol{K}_{\phi} = \begin{bmatrix} -0.268\,1 & 0.037\,5 & 0.036\,4 & 0.729\,8 & -0.472\,0 \\ 2.473\,8 & 0.059\,2 & 0.180\,0 & 1.261\,5 & -0.165\,3 \end{bmatrix}$$

基于特征结构配置的滚转角的控制律数字仿真结果如图 9-22 所示。

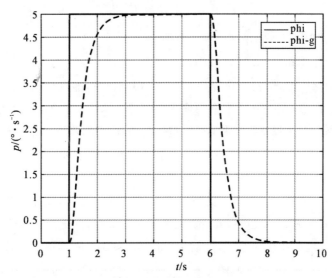

图 9-22　滚转角响应曲线

9.3.6　思考题

如何通过设计合适的特征向量来实现系统模态的解耦？

9.4　基于特征结构配置的横侧向控制系统半物理实时仿真

9.4.1　实验内容

在 9.3 节实验中，已经进行了基于特征结构配置的横侧向控制律设计与数字仿真验证，本实验将进行半物理仿真，观察半物理仿真状态响应曲线，与数字仿真的状态响应曲线进行对比。

9.4.2 实验仪器

综合控制与显示计算机、飞行仿真视景子系统、飞行仿真实时计算机、DreamBuilder‐01飞控板、F‐16缩比模型。

9.4.3 实验步骤

(1)启动飞行仿真实时计算机(研华科技 610L)、综合控制与显示计算机(惠普 PC 机),进入 Windows 10 操作系统,双击桌面飞行控制教学实验系统快捷方式,即可启动飞行仿真视景子系统。

(2)DreamBuilder‐01 飞控板上电,然后打开本节实验工程目录 USER 下的 TEST.uvprojx 文件,按照数字仿真结果修改 test.c 中参数 K,也可不做修改保持默认值进行实验。

保存 ![图标],编译 ![图标],并下载 ![图标]程序至飞控板;

(3)在 MATLAB Command 文本框中输入"F16"后回车确认命令。

(4)完成上述步骤后,点击初始化界面左上方"VP 启动",即可呈现视景。

(5)在 MATLAB Command 文本框中输入"+tg"(小写),即可启动半物理实时仿真。

(6)在初始化界面上选择特征结构配置_横侧向控制模块,在文本框内输入滚转角指令,点击指令上传,观察初始化界面及飞行仿真实时计算机上的状态响应曲线、视景上飞机的飞行状态。

(7)飞行仿真实时计算机每 100 s 更新一次曲线,等屏幕上出现曲线后,在飞行仿真视景子系统界面中下方的 MATLAB Command 文本框中输入"xpctarget spy"回车确认命令后,得到飞行仿真实时计算机中曲线的截图,然后可使用 Windows 10 自带的截图工具(按 Windows 键后选择截图工具打开软件)保存截图。

(8)在 MATLAB Command 文本框中输入"-tg"后回车,即可结束半物理仿真。

(9)点击飞行仿真视景子系统界面中退出按钮,确认退出。飞控板下电(断开电源转换模块与电池的连接),关闭飞行仿真实时计算机,关闭综合控制与显示计算机。

(10)将半物理仿真状态响应曲线与数字仿真的状态响应曲线进行对比,撰写实验报告。

9.4.4 实验结果

在如图 9‐23 所示的界面中,选择特征结构配置_横侧向控制,在文本框内输入滚转角指令并上传,可以在飞行仿真实时计算机界面上得到如图 9‐24 所示的状态响应曲线,完成基于特征结构配置的横侧向控制。

在本实验中,滚转角先阶跃到 $+30°$,再阶跃到 $-30°$。

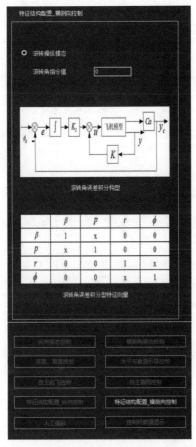

图 9-23　特征结构配准_横侧向控制界面

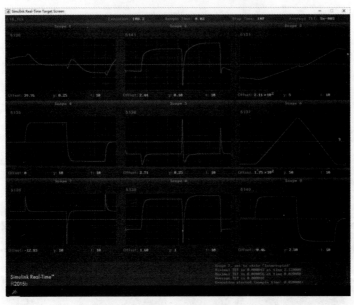

图 9-24　基于特征结构配置的滚转角控制半物理仿真实验结果

第 10 章 异常处理

10.1 产生异常的原因

导致飞行控制教学试验系统产生异常而崩溃的原因有如下几种：

(1)更改了相关文件的路径或重命名了相关文件。

(2)更改了 MATLAB 飞机模型程序，未在数字仿真中测试通过，直接下载至飞行仿真实时计算机中。

(3)更改了 Keil 程序代码，比如控制参数等，产生代码错误或者参数不合适的问题。

(4)人工操纵中设置传动比过大，操纵杆瞬间偏移量过大。

(5)其他硬件问题。

10.2 异常表现

由于不同原因产生的异常表现是不一样的，以下仅说明最常见的异常表现。

(1)飞行仿真视景子系统的视景仿真界面出现如图 10-1 所示提示。

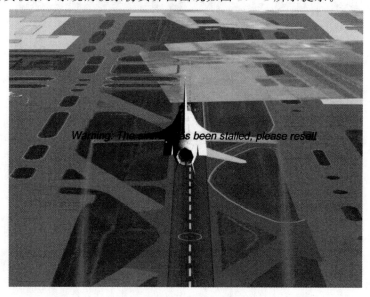

图 10-1 飞行仿真视景子系统的视景仿真异常界面

（2）综合显示与控制计算机上的主控制台程序无响应。

（3）综合显示与控制计算机上的主控制台程序打开后无 MATLAB 命令窗口。

（4）飞行仿真实时计算机无响应。

10.3　异常处理方法

针对常见异常状况，可按照如下处理方法将系统恢复正常：

（1）打开任务管理器。

（2）关闭教学实验系统和 MATLAB(R2015b)进程，如图 10 - 2 所示。

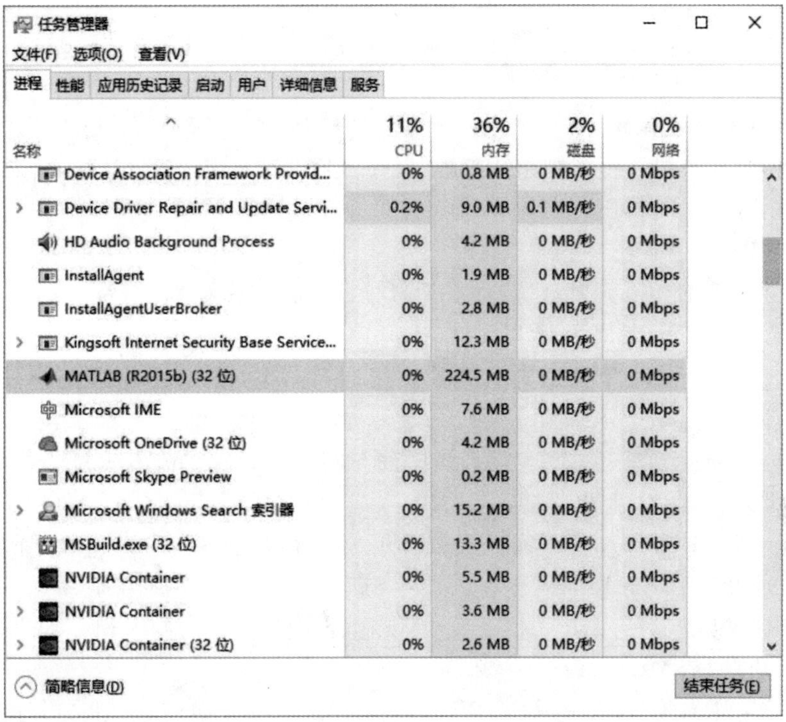

图 10 - 2　关闭教学实验系统和 MATLAB(R2015b)进程图

（3）重启飞行仿真实时计算机。

（4）复位 DreamBuilder - 01 飞控板。

如仅出现 10.2 小节中的问题（3），即综合显示与控制计算机上的主控制台程序打开后无 MATLAB 命令窗口，这是由于主控制台程序异常关闭造成的，此时只需在任务管理器中结束 MATLAB(R2015b)的进程后，重启主控制台程序即可。

参 考 文 献

[1] 张明廉. 飞行控制系统[M]. 北京：国防工业出版社，1984.

[2] 徐鑫福. 飞机飞行操纵系统[M]. 北京：北京航空航天大学出版社，1989.

[3] 刘林. 飞行控制系统的分系统[M]. 北京：国防工业出版社，2003.

[4] 宋翔贵. 电传飞行控制系统[M]. 北京：国防工业出版社，2003.

[5] 郭锁凤，申功璋，吴成富. 先进飞行控制系统[M]. 北京：国防工业出版社，2003.

[6] 文传源. 现代飞行控制[M]. 北京：北京航空航天大学出版社，2004.

[7] 蔡满意. 飞行控制系统[M]. 北京：国防工业出版社，2007.

[8] 申功璋，高金源，张津. 飞机综合控制与飞行管理[M]. 北京：北京航空航天大学出版社，2008.

[9] 吴森堂. 飞行控制系统[M]. 北京：北京航空航天大学出版社，2013.

[10] 张汝麟，现代飞机飞行控制系统工程[M]. 上海：上海交通大学出版社，2015.

[11] 陈宗基，张平. 民机飞行控制系统设计的理论与方法[M]. 上海：上海交通大学出版社，2015.

[12] 杨涤. 系统实时仿真开发环境与应用[M]. 北京：清华大学出版社，2002.

[13] 刘金琨. 先进 PID 控制及其 MATLAB 仿真[M]. 北京：电子工业出版社，2003.

[14] 李宁. ARM MCU 开发工具 MDK 使用入门[M]. 北京：北京航空航天大学出版社，2012.

[15] 王宜怀，吴瑾，蒋银珍. 嵌入式系统原理与实践：ARM Cortex - M4 Kinetis 微控制器[M]. 北京：电子工业出版社，2012.

[16] 廖义奎. ARM Cortex - M4 嵌入式实战开发精解：基于 STM32F4[M]. 北京：北京航空航天大学出版社，2013.

[17] 毕盛，钟汉如，董敏. ARM Cortex - M4 微控制器原理与应用[M]. 北京：北京航空航天大学出版社，2014.

[18] 郭书军. ARM Cortex - M4 + Wi - Fi MCU 应用指南[M]. 北京：电子工业出版社，2015.

[19] 龚卓蓉，朱衡军. 实时三维视景仿真软件 Vega[M]. 北京：国防工业出版社，2003.

[20] 王孝平. Vega Prime 实时三维虚拟现实开发技术[M]. 成都：西南交通大学出版社，2012.

[21] 万明. Vega Prime 视景仿真开发技术[M]. 北京：国防工业出版社，2015.

[22] 于辉. GL Studio 虚拟仪表技术应用与系统开发[M]. 北京：国防工业出版社，2010.

[23] 陈欣，夏云程，董小虎. 一种全数字半物理飞行控制实时仿真系统[J]. 南京航空航天大学学报，2001，33(2):200 - 202.

[24] 刘歌群. 小型无人机飞行控制器的硬件设计[J]. 计算机测量与控制，2003，11(2):144 - 146.

[25] 唐强，朱志强，王建元. 国外无人机自主飞行控制研究[J]. 系统工程与电子技术，2004，26(3):418 - 422.

[26] 孔繁峨,陈宗基,KONG FAN‐E,等.基于 RTW 和 VxWorks 的飞行控制系统实时仿真[J].系统仿真学报,2007,19(11):2455‐2457.

[27] 何清华,杨敏,贺继林,等.基于 DSP 的小型无人机飞行控制系统设计[J].华中科技大学学报:自然科学版,2008(S1):254‐257.

[28] 王永亮.基于 VxWorks 的无人机飞行控制软件设计与开发[D].南京:南京航空航天大学,2010.

[29] 吴文海,高丽,周胜明.飞行控制系统设计方法现状与发展[J].海军航空工程学院学报,2010,25(4):421‐426.

[30] 李一波,李振,张晓东.无人机飞行控制方法研究现状与发展[J].飞行力学,2011,029(2):1‐5.

[31] 屈晓波,史静平,吕永玺,等.飞行控制综合实验系统研制及应用[J].实验技术与管理,2019.

[32] 夏静萍,王瑛.自动控制原理综合实验设备研制及教学应用[J].实验技术与管理,2017,34(9):104‐108.

[33] 许明,倪敬,孙珺,等.机电传动与控制开放式综合实验平台开发及实践教学应用[J].实验室研究与探索,2017,36(6):196‐200.

[34] 于海山.无人直升机六自由度运动模拟平台控制系统设计与应用[D].南京:南京航空航天大学,2012.

[35] 付莹贞.《飞行控制系统》课程实践教学体系建设[J].科技创新导报,2012(23):174

[36] 张红梅,许谨.飞行控制系统实验教学的实践与探索[J].实验室科学,2011,14(3):13‐15.

[37] 费庆,李保奎,王晓平,等.基于 Simulink/xPC 的过程控制综合实验平台改造[J].实验技术与管理,2011,28(11):286‐289.

[38] 张玲,陈宁,姬云,等.飞行模拟器飞行仿真系统集成方法研究[J].飞行力学,2010,28(3):39‐42.

[39] 陈聪,金洋,王轩,等.飞机系统虚拟仿真实践教学平台开发[J].实验室研究与探索,2017,36(4):83‐86.

[40] 夏洁.舵机在回路的半实物飞控实验教学系统[J].实验室研究与探索,2012,31(9):14‐17.

[41] 屈晓波,吕永玺,王长青.飞翼布局无人机实验平台设计与实现[J].实验技术与管理,2019,036(4):102‐108.

[42] 马忠丽,刘宏达,张兰勇,等.微型多旋翼无人机半物理虚拟飞行和控制实验平台[J].实验技术与管理,2019,36(5):115‐118.